U0180372

電子工業出版社
Publishing House of Electronics Industry
北京 · BEIJING

图书在版编目（CIP）数据

国际注册数据隐私安全专家认证（CDPSE）. 考试复习手册 / 美国国际信息系统审计协会（ISACA）著. 北京：电子工业出版社，2022.3

书名原文：CDPSE Review Manual

ISBN 978-7-121-42949-1

Ⅰ. ①国… Ⅱ. ①美… Ⅲ. ①数据处理－安全技术－资格考试－自学参考资料 Ⅳ. ①TP274

中国版本图书馆 CIP 数据核字（2022）第 027869 号

责任编辑：刘淑敏

印　　刷：三河市鑫金马印装有限公司

装　　订：三河市鑫金马印装有限公司

出版发行：电子工业出版社

北京市海淀区万寿路 173 信箱　邮编 100036

开　　本：880×1230　1/16　印张：11.5　字数：343 千字

版　　次：2022 年 3 月第 1 版

印　　次：2022 年 3 月第 1 次印刷

定　　价：98.00 元

凡所购买电子工业出版社图书有缺损问题，请向购买书店调换。若书店售缺，请与本社发行部联系，联系及邮购电话：（010）88254888，88258888。

质量投诉请发邮件至 zlts@phei.com.cn，盗版侵权举报请发邮件至 dbqq@phei.com.cn。

本书咨询联系方式：（010）88254199，sjb@phei.com.cn。

国际注册数据隐私安全专家认证 (CDPSE™)：考试复习手册

ISACA 很高兴为读者提供《国际注册数据隐私安全专家认证 (CDPSE™)：考试复习手册》。本手册旨在为 CDPSE 考生提供技术信息和参考资料，来学习和准备国际注册数据隐私安全专家认证 (Certified Data Privacy Solutions Engineer, CDPSE) 考试。

《国际注册数据隐私安全专家认证 (CDPSE™)：考试复习手册》是全球积极参与数据隐私保护的志愿者们共同努力的成果，他们慷慨地贡献了自己的时间和专业知识。《国际注册数据隐私安全专家认证 (CDPSE™)：考试复习手册》将持续更新以跟上数据隐私领域的快速变化。同时，我们欢迎您为本手册提供意见及建议。

ISACA 不保证或担保考生通过学习这些或其他 ISACA/IT 治理研究院® 的出版物就可以通过 CDPSE 考试。本手册的出版与 CDPSE 认证工作组相互独立，认证工作组不对本手册内容负责。

CDPSE 考题副本并未公开。本手册中的实务例题用于进一步阐明手册提及的内容，也用于说明 CDPSE 考试中会碰到的常见典型问题。该考试是基于实务的考试。仅阅读本手册中的参考材料对于考生备考来说是不够的。手册中的例题仅起引导作用。评分结果并不代表您将来能否通过考试。

CDPSE 认证已对许多职业产生了积极的影响，包括专业经验得到全球认可和强化知识及技能。我们祝愿您顺利通过 CDPSE 考试。

致谢

《国际注册数据隐私安全专家认证 (CDPSE™)：考试复习手册》是众多志愿者共同努力的成果。遍布世界各地的 ISACA 数据隐私专业人员参与了编写工作，慷慨地贡献了他们的才华和专业知识。这样的国际团队展示出的境界和无私精神正是本手册所有贡献者的真实写照。衷心感谢他们的参与和见解。

作者

David Bowden，CISM，CDPSE，CIPT，CSM，PMP，Zwift, Inc.，美国
James L. Halcomb, Jr.，EDME，Elucidate Consulting, LLC，美国
Rebecca Herold，CISA，CISM，CIPM，CIPP/US，CIPT，CISSP，FIP，FLMI，Ponemon Institute Fellow，The Privacy Professor/Privacy Security Brainiacs SaaS Services，美国

审核人员

Sanjiv Agarwala，CISA，CISM，CGEIT，CDPSE，CISSP，FBCI，LA(ISO 27001,22301)，Oxygen Consulting Services Pvt Ltd，印度
Ashief Ahmed，CISA，CDPSE，SSI，加拿大
Richi Aktorian，CISA，CISM，CGEIT，CRISC，CDPSE，印度尼西亚
Ecrument Ari，CISA，CISM，CGEIT，CRISC，CDPSE，CEH，CIPM，CIPP/E，CRMA，FIP，ISO 27001/22301/20000 首席审计师，Surprise Consultancy，土耳其
Januarius Asongu 博士，CISA，CISM，CGEIT，CRISC，CDPSE，JPMorgan Chase & Co.，美国
C. Patrick F. Brown，CISM，CDPSE，CIPM，CIPP/E，CIPP/US，CIPT，FIP，NCSB 隐私和信息安全法专家，PLS，Lawyers Mutual Liability Insurance Company of North Carolina，美国
Deepinder Singh Chhabra，CISA，CISM，CGEIT，CRISC，CDPSE，C|CISO，CISSP，Verizon，英国
Ramon Codina，CISM，CDPSE，西班牙
Francisco Garcia Dayo，CISA，CDPSE，Vestiga Consultores，墨西哥
Pascal Fortin，CISA，CISM，CRISC，CDPSE，CPIP，CRMA，KPMG，加拿大
Shigeto Fukuda，CISA，CDPSE，日本
Chandrasekhar Sarma Garimella，CISA，CRISC，CDPSE，CtrlS Datacenters Ltd，印度
Peter Gwee，CISA，CISM，CRISC，CDPSE，ST Engineering Electronics (Cyber Security Systems Group)，新加坡
Hideko Igarashi，CISA，CISM，CRISC，CDPSE，CISSP，日本
Anand M. Jha，CISA，CDPSE，Azur 解决方案架构师，CCSK，CISSP，GCIH，GPEN，ISO 27001 LA，OPSE，Ernst & Young LLP，印度
Leighton Johnson，CISA，CISM，CGEIT，CRISC，CDPSE，ISFMT, Inc，美国
Christian Kengne，CSX-P，CDPSE，ISO 27001 LA，Accenture，加拿大
John Krogulski，CISA，CISM，CDPSE，WIDA，美国
Carol Lee，CISM，CRISC，CDPSE，CCSP，CEH，CIPM，CSSLP，Johnson Electric Group，中国香港
Cher Lee Leow，CISA，CISM，CDPSE，Grab Taxi Holding Pte Ltd，新加坡
Dimitris Maketas，CISA，CDPSE，CCSK，CICA，GRCA，GRCP，ISO 27001 内部审计师，ISO 273032 高级网络安全经理，ITIL，瑞士

致谢（续）

Adel Abdel Moneim，CISA，CISM，CGEIT，CRISC，CDPSE，CCFP-EU，CCISO，CCSK，CCSP，CDPO，CEH，CFR，CHFI，CISSP，CLSSP，CND，CSA，CTIA，ECES，ECIH，ECSA，EDRP，IoTSP，ISO 22301 SLA/SLI，ISO 24762 LDRM，ISO 27005 LRM，ISO 27032，ISO 27035 LIM，ISO 27701 SLI/SLA，ISO 29100 SLPI，ISO 38500 LITCGM，LCM，LPT，Master ISO 27001，MCCT，PECB MS 审计师，SABSA-SCF，TOGAF，ITU-RCC，埃及

Scott Morgan，CISM，CDPSE，佛罗里达州公路安全及车辆监理处，美国

Akira Muranaka，CISA，CISM，CGEIT，CRISC，CDPSE，FIP，Equifax，美国

Chintan Parekh，CISA，CRISC，CDPSE，美国

Vaibhav Patkar，CISA，CISM，CRISC，CGEIT，CDPSE，CISSP，印度

Santosh Putchala，CISM，CDPSE，美国

Derrick A. Richardson，CISM，CDPSE，HQ USAREUR G6，美国

Claude K. Sam-Foh，CISA，CISM，CDPSE，怀雅逊大学，加拿大

Loren Saxton II，CISM，CRISC，CDPSE，T-Mobile，USA, Inc.，美国

Prathyush Reddy Veluru，CISA，CISM，CRISC，CPDSE，印度

ISACA 已开始规划《国际注册数据隐私安全专家认证 (CDPSE™)：考试复习手册》第 2 版。手册的成功离不开志愿者的参与。如果您有兴趣成为这一全球项目专家小组中的一员，请与我们联系。请发送电子邮件至 studymaterials@isaca.org。

目录

CDPSE
Certified Data Privacy Solutions Engineer.
An ISACA® Certification

CDPSE
Certified Data Privacy
Solutions Engineer.
An ISACA Certification

CDPSE
Certified Data Privacy
Solutions Engineer.
An ISACA Certification

关于本手册

概述

《国际注册数据隐私安全专家认证 (CDPSE™)：考试复习手册》旨在帮助考生准备 CDPSE 考试。

注：本手册只是备考资源之一，不应将其当作唯一资源或视为通过该考试所需的所有信息和经验的全集。没有任何一种出版物具有这样的涵盖范围和详细程度。

如果考生对本手册中涵盖的任何主题缺乏了解和经验，应查阅其他参考资料。该考试中的考题旨在测试考生的技术和实践知识，以及他们在特定情况下应用经验的能力。

《国际注册数据隐私安全专家认证 (CDPSE™)：考试复习手册》涵盖与 CDPSE 工作实务中详细介绍的领域有关的知识和任务。有关这些领域的信息，请访问 ISACA 网站。

工作实务是通过 CDPSE 认证考试及满足经验要求的基础。工作实务是按领域和任务编排的，这些领域和任务定义了数据隐私工程师所需的知识、角色和职责。

在工作实务中，术语“企业”、“组织”和“组织的”是同义词。本手册使用“企业”一词。

CDPSE 工作实务包含三个领域，每个领域在考试中所占百分比如下所示：

隐私治理	34%
隐私架构	36%
数据生命周期	30%

每章开头会介绍各个领域的目标，以及考试要测试的相应知识子域和任务说明。考生应根据本身的知识和经验，评估个人在上述各个领域的能力。

本手册的编排

《国际注册数据隐私安全专家认证 (CDPSE™)：考试复习手册》的每章均采用相同的编排：

- 概述部分总结了各个章节的要点并提供了：
  - 领域的考试内容大纲。
  - 相关任务说明。
  - 深造学习参考资料。
  - 自我评估问题。
- 内容部分包括：
  - 支持工作实务不同领域的内容。
  - 考试中常见术语的定义。

本手册采用标准美式英文编写，从以国际英语编写的出版物导入的部分材料除外。

如果您对《国际注册数据隐私安全专家认证 (CDPSE™)：考试复习手册》有任何改进建议或有推荐的参考资料，请发送邮件至 studymaterials@isaca.org。

准备 CDPSE 考试

如本考试复习手册所述，CDPSE 考试评估考生的实务知识、经验及将其应用于工作实务领域的能力。考生在备考过程中应参考包括本复习手册和外部出版物在内的多种资源。本部分提供了一些备考提示。

考生应阅读本手册，了解需要进一步学习的领域，然后查阅其他参考资源，以扩展知识并获得相关经验。

实际考题将着重测验考生对这些知识的实际应用能力。

每个章节结尾处提供了自我评估的样题及其答案与解析。请记住，在实际考试中可能不会碰到与样题类似的问题。考生应查阅被引用的参考资料，在对应的出版物中找到与本手册所述主题有关的更多详细信息。

开始准备

用足够的时间准备 CDPSE 考试至关重要。大部分考生在参加考试之前需要花 3~6 个月的时间来学习。考生应每周留出指定的时间用于学习，随着考试日期临近，可根据自己的情况适当增加学习时间。

制订学习计划有助于考生做好考试准备。

使用《国际注册数据隐私安全专家认证 (CDPSE™)：考试复习手册》

《国际注册数据隐私安全专家认证 (CDPSE™)：考试复习手册》分为三章，每一章对应 CDPSE 工作实务中的一个领域。虽然考试复习手册不包含 CDPSE 考试中可能考查的每个概念，但它涵盖了非常广泛的知识，可为考生打下坚实的基础。本手册只是备考资源之一，考生不应将其当作唯一资源，也不应将其视为通过该考试所需的所有信息和经验的全集。

考试复习手册中的模块

《国际注册数据隐私安全专家认证 (CDPSE™)：考试复习手册》包含多个模块，可帮助考生充分了解 CDPSE 工作实务，并加强对本资料的学习和巩固。

复习手册模块	描 述
概述	概述部分提供领域背景，包括工作实务领域和适用的学习目标及任务说明
深造学习参考资料	由于考试复习手册中出现的许多概念都很复杂，考生可能发现，参考外部资料作为补充来帮助理解这些概念是非常有用的做法。每章中建议的参考资料能够帮助考生提高学习效果
自我评估问题与解答	在每章中设置自我评估问题的目的不在于衡量考生能否在 CDPSE 考试中正确回答相应领域的问题 这些练习题的目的在于帮助考生熟悉问题结构，并不表示在实际考试中一定会碰到或不会碰到类似的问题

词汇表	手册末尾的词汇表所包含的术语适用于： • 每章中的材料 • 手册中未具体讨论的相关领域 词汇表是手册内容的扩展，提示了考生可能需要通过其他参考资料进一步学习的领域

CDPSE 考试中的题目类型

CDPSE 考试题目的设置目的是衡量和测试考生对数据隐私原则与标准的实际掌握情况和运用能力。所有考题均采用选择题的形式，并且每道考题仅有一个最佳答案。

考生应仔细阅读每道问题。了解提问的试题类型并学习如何解答这些题目对考生正确回答问题很有帮助。考生应从提供的选项中选择最佳答案。对于题目所述场景中提出的问题，可能有多个解决方案，具体取决于行业、地理位置等。建议考生考虑题目中提供的信息并从所给选项中选出最佳答案。

每个 CDPSE 题目均包含一个题干（题目）和四个选项（备选答案）。考生需要从选项中选出正确或最佳答案。题干的形式可能是问句，也可能是不完整的陈述句。

有助于解答此类题目的方法包括：

- 考生应阅读整个题干，确定问题是在问什么，寻找“最佳”“最多”“首先”之类的关键词，以及指明题目是在考查哪个领域或概念的关键术语。
- 考生应阅读所有选项，然后再次阅读题干，看看能否根据对题目的直观理解排除任何选项。
- 考生应再次阅读剩余选项，结合个人经验确定问题的最佳答案。

备考时，考生应认识到数据隐私是一个全球性的专业，个人的看法和经验可能无法反映全球的状况。本考试和 CDPSE 手册是针对数据隐私社区而编写的，考生在读到与自己经验相悖的状况时，必须灵活对待。

CDPSE 考题由世界各地经验丰富的隐私专业人员编写。考试中的每道问题亦经过 ISACA 下属的由国际成员组成的 CDPSE 考题编写工作组审阅。这样的地域分布保证了所有考题在不同国家/地区和语言中的理解一致。

注：考生在使用 CDPSE 复习资料备考时应注意，它涵盖了广泛的隐私保护问题。请考生注意，不要认为读完这些手册及解答完复习题后便已充分做好应试准备。由于实际试题常常与实践经验有关，因此考生应参考自身经验和其他参考资源，并借鉴已获得 CDPSE 资格认证的同事及他人的经验。

第1章

隐私治理

概述

A部分：治理

B部分：管理

C部分：风险管理

概述

隐私治理包括隐私管理和风险管理领域。隐私治理实务确保企业内所有个人信息得到识别和管理，满足个人信息使用和保护的法律要求、治理政策、程序和准则，以及数据主体的权利。

隐私管理实务领域包括建立与数据有关的隐私角色和职责，推动隐私培训及意识沟通和活动，监控供应商和第三方管理实务，制定隐私审计流程，以及实施隐私事件管理的能力。

隐私风险管理实务应包括建立隐私风险管理流程、执行隐私影响评估 (Privacy Impact Assessments, PIA)，以及识别隐私威胁、攻击和漏洞。

此领域在考试中所占比重为 34%（约 41 个问题）。

领域 1：考试内容大纲

A 部分：治理

1. 个人数据和信息
2. 隐私法律和标准
3. 隐私记录
4. 法律目的、同意和合法权益
5. 数据主体的权利

B 部分：管理

1. 与数据有关的角色和职责
2. 隐私培训和意识
3. 供应商和第三方管理
4. 审计流程
5. 隐私事件管理

C 部分：风险管理

1. 风险管理流程
2. 隐私影响评估
3. 与隐私有关的威胁、攻击和漏洞

学习目标/任务说明

在此领域中，数据隐私工程师/从业人员应当能够：

- 识别组织隐私计划和实务的内外部要求。
- 参与评估隐私策略、计划和政策是否符合法律要求、监管要求和行业最佳实践。
- 协调和执行隐私影响评估及其他专注于隐私的评估。

- 参与制定符合隐私政策和业务需求的程序。
- 实施符合隐私政策的程序。
- 参与管理和评估合同、服务水平协议及供应商和其他外部相关方的实务。
- 参与隐私事件管理流程。
- 与网络安全人员合作进行安全风险评估流程，以解决有关隐私合规和风险缓解的问题。
- 与其他从业人员合作，确保在设计、开发和实施系统、应用程序及基础设施期间遵循隐私计划和实务。
- 评估企业架构和信息架构，确保支持隐私设计原则和相关考虑因素。
- 评估隐私增强技术的发展及监管环境的变化。
- 根据数据分类程序识别、验证和实施适当的隐私与安全控制。
- 设计、实施和监控流程及程序，以维护最新的清单和数据流记录。
- 制定和实施隐私实务的优先级确定流程。
- 制定、监控和报告与隐私实务有关的绩效指标和趋势。
- 向利益相关方报告隐私计划和实务的状态与成果。
- 参与隐私培训并加强隐私实务方面的意识。
- 识别需实施补救的问题和流程改进机会。

深造学习参考资料

欧盟欧洲议会和理事会，《一般数据保护条例》，https://eur-lex.europa.eu/legal-content/EN/TXT/HTML/?uri=CELEX:32016R0679&qid=1499881815698&from=EN，2016 年 4 月 27 日

Herold, Rebecca；《信息安全及隐私意识培训计划的管理》，第 2 版，CRC Press，美国，2010 年

国际标准化组织，《ISO/IEC TR 27550:2019：信息技术 — 安全技术 — 系统生命周期过程的隐私工程》，瑞士，2019 年

国际标准化组织，《ISO/IEC 27701:2019：安全技术 — 用于隐私信息管理的 ISO/IEC 27001 和 ISO/IEC 27002 的扩展 — 要求和准则》，瑞士，2019 年

国际标准化组织，《ISO/IEC 29100:2011：信息技术 — 安全技术 — 隐私框架》，瑞士，2011 年

ISACA，《云端的持续展望：如何提升云的安全、隐私及合规》，美国，2019 年

ISACA，《实施隐私保护计划：配合使用 COBIT 5 动力与 ISACA 隐私原则》，美国，2017 年

ISACA，《ISACA 隐私原则和计划管理指南》，美国，2016 年

美国国家标准与技术研究院，《NIST 内部报告 8062：在联邦系统中实施隐私工程和风险管理的介绍》，美国，2017 年

美国国家标准与技术研究院，《NIST 隐私框架：通过企业风险管理改善隐私保护的工具》，版本 1.0，美国，2020 年，www.nist.gov/privacy-framework/privacy-framework

美国国家标准与技术研究院，《NIST 隐私风险评估方法（PRAM）》，2018 年 10 月 28 日，www.nist.gov/itl/applied-cybersecurity/privacy-engineering/collaboration-space/browse/risk-assessment-tools

自我评估问题

CDPSE 自我评估问题与本手册中的内容相辅相成，有助于考生了解考试中的常见题型和题目结构。考生通常需从所提供的多个选项中，选出**最**有可能或**最合适**的答案。请注意，这些问题并非真实或过往的考题。有关练习题的更多指导，请参阅“关于本手册”部分。

1. 以下哪一项隐私威胁也被用作数据安全工具？
   A. 不了解内容
   B. 信息泄露
   C. 不可否认性
   D. 可识别性

2. 以下哪一项是采用隐私标准的好处？
   A. 确保提供一致的产品和服务
   B. 提供信息，以供潜在数据主体当前和未来参考
   C. 协助企业实现其目标
   D. 使个人可以更好地控制其数据的使用情况

3. 以下哪一项**最**准确地描述了一种隐私侵害类型？
   A. 内部人员的恶意企图
   B. 恶意网站
   C. 政策和内容不合规
   D. 无理限制

4. 以下哪一项是隐私事件响应团队的**主要**角色和职责？
   A. 与信息安全部门和其他组织的关键利益相关方紧密合作，协调隐私事件响应活动和数据收集工作
   B. 记录并支持隐私原则，并在整个企业隐私管理计划中支持隐私保护
   C. 制定和设计企业产品与服务中的隐私保护要求
   D. 为隐私风险的收集、评估、控制、优化、资金支持、共享、存储和监控工作设定框架

答案见第 22 页

第 1 章答案

自我评估问题

1. A. 不了解内容是指提供信息的实体不了解正在披露哪些信息。这只是一个隐私威胁。
   B. 信息泄露是指个人信息被披露给未授权个人。这只是一个隐私威胁。
   C. 不可否认性用于数据安全保护，以证明发送者确实发送了特定的消息。但是，如果不可否认性被用于收集证据，以反驳否认方的赔偿要求，就会构成隐私威胁。
   D. 可识别性是基于一组特定的个人识别信息 (Personally Identifiable Information, PII) 直接或间接识别 PII 主体的状况。

2. **A. 隐私标准有助于确保产品和服务始终符合预期。**
   B. "提供信息，以供潜在数据主体当前和未来参考"描述的是知情同意书的用途。
   C. 隐私框架可协助企业实现其目标。
   D. 数据隐私法律帮助个人更好地控制其数据的使用情况。

3. A. 内部人员的恶意企图是隐私威胁的例子。
   B. 恶意网站是隐私威胁的例子。
   C. 政策和内容不合规是隐私威胁的例子。
   D. 无理限制不仅包括阻止对数据或服务的访问，还包括以不符合运营目的的方式限制对数据存在性或其使用情况的了解。这是隐私侵害的一个例子。

4. **A. 这是隐私事件响应团队的主要角色和职责。**
   B. 这是企业隐私和数据保护角色的重要职责。
   C. 这是隐私工程师的首要职责。
   D. 这是企业风险管理委员会的职责之一。

A 部分：治理

企业必须考虑、实施和支持适当的控制，在个人和相关敏感信息的整个生命周期中保护和管理个人隐私。为此，企业需要确定对企业隐私计划和实务的内外部要求。**图 1.1** 描述了关键要求。

要求类型	考虑因素
内部要求	• 分配隐私角色和职责 • 定义个人信息并编制清单 • 实施企业员工隐私政策、程序和培训 • 制订供应商管理计划 • 提供隐私事件管理 • 执行隐私审计和评估
外部要求	• 记录适用的法律、法规、标准和合同义务 • 选择隐私原则和框架 • 发布反映企业实际实务且符合法律要求的隐私通告 • 保持对第三方的监督 • 维护数据主体的权利

图 1.1 — 隐私计划的关键要求

企业应制定并实施获得执行层支持的隐私风险管理战略。该战略应：

- 考虑到企业业务流程、应用和系统在设计阶段的隐私风险。
- 针对个人和敏感信息的隐私与安全风险确定并实施缓解控制。
- 清晰了解并记录数据处理环境的信息。
- 了解接受企业直接或间接服务或受其影响的个人的隐私利益。
- 对企业进行风险评估，以了解其业务环境，识别隐私风险并确定优先顺序。

在规划隐私风险战略时，美国国家标准与技术研究院 (National Institute for Standards and Technology, NIST) 隐私框架是一个有用的资源。

初步实施隐私计划后，企业需要确定在其整个开发和实施生命周期中采用的其他必要控制（如适用）。最后，应将隐私成本和资源需求纳入项目预算中，从而使这些成本与隐私控制相关联。

根据 NIST 隐私框架，企业应根据企业的风险管理优先级来建立和实施治理结构，以最大程度地降低隐私风险。具体而言，隐私治理 (Govern-P) 职能部门专注于企业级的活动，例如：

- 制定企业隐私价值观和政策。
- 确定法律/监管要求。
- 立足企业风险容忍度焦点，结合风险管理战略和业务需求确定其工作的优先顺序。

隐私工程师和其他隐私从业人员在确保企业（包括支持业务流程的服务提供商）在所有流程中全面、充分和高效地实施这些行动方面发挥着重要作用。为追踪和确定企业的合规水平，隐私从业人员可制定、实施、监控隐私绩效指标和趋势并向关键利益相关方报告。隐私绩效指标支持对隐私治理活动和项目进行优先排序。

企业必须保护所有个人的个人信息。有关保护企业内个人数据的所有规定、程序和流程统称为治理实务。要建立、实施和管理治理实务，企业必须：

- 识别企业中在隐私准则适用范围内的所有个人信息。
- 确定旨在保护企业数据用户的法律和监管要求。
- 制定企业治理政策、程序和准则。
- 实施政策、程序和准则。

1.1 个人数据和信息

“数据”一词一直用于指代数字形式的信息，而“信息”的含义更广泛，涵盖所有形式的信息，例如硬拷贝媒体、音频、视觉资料、分析得出的见解及数字数据子集。

“个人信息”和“个人数据”的概念不断演变，可能因地点、法律、法规、标准或企业的不同而存在差异，有时甚至存在很大的差异。针对“个人数据”或“个人信息”没有统一的国际定义。

对于个人数据，不同法律、法规、标准和行业有不同的定义。在某些地方，“个人信息”与“个人数据”可以互换使用，但在其他地方，“个人数据”被定义为个人信息的子集。

例如，法律专业人员通常使用“个人数据”来指代有关特定个人的信息，即他们所称的“数据主体”，而对于同样的信息，信息鉴证从业人员通常使用“个人信息”来表示。ISACA 编制了通用术语集，以避免使用不同术语来表述同一概念。[1]

企业应考虑定义术语并与隐私工程师分享这些术语，帮助他们了解术语定义存在差异会对他们的决策产生怎样的影响。请参阅第 3.1 节“数据清单和分类”以了解更多信息。

注：本节中所用的术语代表了世界各地用于指代某些类型的个人信息的大多数术语，但并未穷举全球各地使用的所有术语和定义。数据隐私工程师应熟悉工作中所涉及的司法管辖区使用的术语。

1.1.1 定义个人数据和个人信息

图 1.2 提供了常见个人数据和个人信息术语的定义列表。

术语	定义	示例
个人数据	可与特定个人关联的纯数字信息	• 用于网站账户身份认证的用户 ID
个人信息	可与特定个人关联的任何形式（数字和非数字）的信息 涵盖的范围比 PII 更广	• 邮寄的纸质选票上的姓名，或者打印在信封上的邮寄地址
个人资料	间接指向可识别个体的任何形式（数字和非数字）的信息	• 元数据，通常可以清楚地了解到个人的活动，但不包括具体的个人数据
数据主体	个人信息的主体；特定个人信息针对的个人 在一些地方，数据主体只能是有生命的自然人 在另一些地方，已故个体也可以是数据主体 企业需要与法律顾问一同确定可能存在的关于数据主体的限制	• 企业的客户
敏感个人数据或敏感数据	根据《一般数据保护条例》，是指需要更高程度保护的特殊类别的个人数据	• 种族或民族血统、遗传或生物特征识别数据 • 性取向或健康相关数据
个人识别信息	任何可用于在信息与特定自然人之间建立联系，或者直接或间接关联到特定自然人的信息 **注：**美国正在逐步淘汰此术语。某些行业和地区使用其他术语，但意思基本相同	• 社会保障号码 • 地址 • 电话号码

图 1.2 — 个人数据和个人信息的定义

资料来源：ISACA，《隐私原则和计划管理指南》，美国，2016 年

1.2 不同司法管辖区的隐私法律和标准

许多司法管辖区制定了多种隐私原则、框架、法律、法规、标准和自我监管框架。隐私专业人员需要识别并了解适用于其所在企业的法律要求并记录一份条款清单。此清单应加以维护并及时更新。隐私工程师应使用这些清单来学习、理解和制订涉及个人信息的适当服务和产品计划，以满足适用的法律要求。

1.2.1 隐私法律和法规的应用

在整个 20 世纪和 21 世纪，隐私法律和法规发生了巨大的变化，隐私问题也在不断变化和演变。1902 年，艾比盖尔·罗伯森 (Abigail Roberson) 起诉 Franklin Mills Flour 公司未经其同意在产品广告中使用自己的肖像，是当时法院审理的首批隐私案件之一。[2] 罗伯森在诉讼中称："有人在广告中认出她的脸和照片，因此嘲笑她，让她感觉受到了极大的侮辱，她的好名声受损，身心也遭受了极大的痛苦。"[3] 在今天看来，这明显是侵犯隐私权的行为，但在 1902 年，尚无任何先例可循。法官发现没有法律依据可对此案做出最终裁决，因此建议立法者制定针对此类行为的法律，为此类案件提供判决依据。

因肖像未经许可的使用而引起的诉讼至今仍时有发生。然而，鉴于数据保护法广泛的适用范围，起诉未经授权使用照片的人可以是照片主体之外的人。例如，2020 年 5 月，荷兰有位三个未成年孩子的母亲将孩子们的祖母告上了法庭，起诉她未经其同意将孩子的照片发布到 Facebook 上，违反了欧盟的《一般数据保护条例》。法院判定祖母有罪。[4]

目前，已有法律法规对一系列隐私问题进行管辖，其覆盖范围远超过了未经授权使用肖像（这一类情况）。如今，在所有发达国家/地区，每个行业都必须考虑到隐私和个人信息的法律问题。随着法律适用范围从地理边界扩展到数字空间，法律考虑因素消除了地方司法管辖区之间的边界。

企业环境的扩展（纳入通常位于不同国家/地区的外包第三方）及对新兴技术的考虑，增加了对隐私和个人信息问题的担忧。考虑物联网 (Internet of Things, IoT) 设备、人工智能 (Artificial Intelligence, AI)、机器人流程自动化 (Robotics Process Automation, RPA)、区块链和面部识别等新技术对隐私的潜在影响。

对隐私保护的关注已扩展到对众多消费者服务和产品的担忧。主要的担忧在于如何保护可指向特定个人或群体的信息，这些信息可能披露他们的生活、行踪、喜恶及其他各种私人信息。

1.2.2 隐私保护法律模式

有些地方没有通过立法对隐私予以保护，有些地方仅暗示隐私是一项人权。在已实施隐私保护的国家和地区，所采取的隐私保护法律模式可分为四种:

- 综合模式。
- 部门模式。
- 合作治理模式。
- 自我监管模式。

无论采用哪种隐私保护模式，重要的是了解其对企业的法律影响。信息安全和鉴证从业人员应咨询法律顾问，以确定适用的隐私保护法律模式，以及这些模式对当前或规划中的隐私保护计划的潜在影响。每种模式的总结性描述都有助于指导与法律顾问的讨论。

图 1.3 提供了有关这四种模式的信息。

模 型	描 述
综合模式	此模式定义了适用于私有和公共部门所有行业并由政府机构执行的法律。此模式涵盖的行为包括： • 收集 • 使用 • 存储 • 共享 • 个人信息的销毁 此模式适用于通常设立了专门的政府机构 [数据保护机构 (Data Protection Agency, DPA)] 来负责确保隐私保护实施的国家和地区（例如欧盟、加拿大） DPA 采取行动，确保法律得到遵守并检查潜在的违规情况
部门模式	此模式由涵盖特定行业或特定类型的个人信息的法律、法规和标准组成。采用此模式的行业和国家/地区通常设立了不同的政府机构来实施隐私保护 这些国家和地区通常通过不同的政府机构或行业部门来实施各个行业内的隐私保护。结果造成每个行业接受多个机构的隐私保护管理 在采用综合模式的某些司法管辖区，这种模式可能被认为是不适当的 **注：**一些采用综合模式的国家/地区同时也采用部门模式。例如，在西班牙和法国，金融和医疗保健信息除要满足国家数据保护要求外，还要受到严格的部门要求的约束
合作治理模式	在此模式中，政府和私人机构共同承担建立和实施隐私保护的责任。合作治理的实现方式有很多种，但通常将隐私保护行动的责任划分到不同机构 例如，联邦政府可能制定一组隐私目标，之后要求每个行业确定实现这些目标的具体办法。具体办法可以落实到标准、准则或强制规定中。政府通常与各行业合作实施这些标准、准则或规定 采用合作治理模式进行隐私保护的国家/地区包括澳大利亚、新西兰和荷兰
自我监管模式	此模式下没有隐私或数据保护法律，而是要求企业制定出自己的规定。行业、协会、政府或其他拥有大量成员的团体同意根据一组指定的准则、行动和限制来使用和处理个人信息 例如，一个团体认为保护消费者在网络空间中的隐私，最佳方式是遵循虚拟市场的一组隐私准则，而不是基于政府的规定 全球各地有许多行业认为自我监管是法律法规的首选替代方案。自我监管设定的期望是：表示将会遵守一组特定的自我监管规定或准则的人确实遵守了这些规定和准则。自我监管会随时间而变化

图 1.3 — 隐私保护法律模式

1.2.3 隐私法律和法规

现行的数据保护（隐私）法律和法规要求企业声明为什么收集可能关联到特定个人或群体的信息，以及如何使用这些信息，包括为相关个人提供选择并控制如何使用、共享、保留、保护和销毁这些信息。

企业必须确定适用于企业及其签约的服务提供商的所有隐私法律和法规，并跟进这些法律和法规的遵守情况。**图 1.4** 列出了一些常见的隐私法律和法规。

法律或法规	涵盖的主题
美国健康保险流通与责任法案 (Health Insurance Portability and Accountability Act, HIPAA)	HIPAA 确立了保护个人医疗记录和其他个人健康信息的国家标准。它适用于以电子方式进行某些医疗保健交易的医疗计划、医疗保健结算所和医疗服务提供者
欧盟一般数据保护条例 (General Data Protection Regulation, GDPR)	GDPR 要求适用于对欧盟各个成员国公民或居民的个人数据的处理。目的是为所有欧盟国家的消费者和个人数据提供更加一致的保护
美国加利福尼亚州消费者隐私法案 (California Consumer Privacy Act, CCPA)	CCPA 授予加利福尼亚州消费者广泛的数据隐私权利及对其个人信息的控制权，包括知情权、删除权及选择拒绝出售企业所收集的个人信息的权利。它还对未成年人提供了进一步的隐私保护
美国 50 个州及 4 个领地的隐私泄露通知法 (54 US State and Territory Privacy Breach Notice Laws)	美国所有 50 个州及哥伦比亚特区、关岛、波多黎各和美属维尔京群岛颁布了一项法规，要求私人或政府实体将涉及个人信息的安全泄露通知到相关个人
美国金融服务现代化法案 (Gramm-Leach-Bliley Act, GLBA)	GLBA 适用范围内的金融机构必须告知客户其信息共享实务，并向客户说明如果他们不希望与某些第三方共享信息，他们有权选择退出
澳大利亚隐私法	隐私法是澳大利亚法律的重要组成部分，旨在保护个人信息的处理。它涵盖了个人信息的收集、使用、存储和披露，以及隐私泄露后应遵循的要求
加拿大的个人信息保护和电子文件法 (Personal Information Protection and Electronic Documents Act, PIPEDA)	PIPEDA 适用于私有部门，旨在解决企业收集、存储和使用个人信息的问题
日本个人信息保护法	该法案旨在保护个人权益，同时考虑到个人信息的效用，包括认识到正确、有效地使用个人信息有助于开创新的产业和富有活力的经济社会，以及改善日本人民的生活质量。该法案包括设定适当处理个人信息的总体愿景，提出处理个人信息的基本政府政策，以及制定其他个人信息保护措施，同时考虑到显著扩展的个人信息应用范围
巴西一般数据保护法 (Lei Geral de Proteção de Dados, LGPD)	LGPD 通过替换某些法规和补充其他法规，整合了目前管理线上和线下个人数据的 40 多项个人数据法规。LGPD 适用于处理巴西境内自然人的个人数据的任何企业，无论该企业位于何处

图 1.4 — 常见的隐私法律和法规

注：CDPSE 考试不考查具体的隐私法律和法规；但 CDPSE 考生需要了解法律和法规对隐私计划和隐私控制的影响。

未实施隐私保护措施来满足法律法规要求的企业将面临巨额罚款，例如，根据《美国联邦贸易委员会法》第 5 条的规定可处以数千万美元的罚款，根据欧盟 GDPR 的罚款最高可达企业前一年收入的 4%，[5] 而违反《美国健康保险流通与责任法案》可能受到长达 20 年的处罚[6]。

每个企业都必须了解适用的所有地方和国际法律法规。适用性取决于公司办公所在地、员工的工作地点、客户和患者的居住地、数据的存储位置及其他因素。企业首先应进行法律分析，以确定适用的法律和法规，然后持续更新这份清单。

1.2.4 隐私标准

隐私标准有助于确保产品和服务始终符合预期。此外，这些标准还支持互操作性；创建统一的设计、安装和测试方法；保护用户及其环境；实现全面的隐私管理方法，以及提高世界各地使用这些标准的社区和个人的生活质量。

随着多个地理区域的硬件和软件的进步，隐私标准有助于创建统一的实务。隐私标准通过对各项活动的详细说明来支持一致性。新技术会创造新的个人信息类型及新的信息用途，因此需要不断制定新的隐私标准。

隐私标准可用于建立对隐私工程师和企业的要求或建议，以应用于广泛的服务和产品。这些需求将帮助隐私工程师和企业：

- 构建可持续实施数据安全和隐私能力。
- 制定保护个人信息的控制措施。
- 确保以一致的方式授予个人访问其个人信息的权利。
- 提供有关如何使用、共享和保留个人信息的类似控制。
- 减少各种隐私风险。

一些行业要求采用特定的隐私标准和数据安全标准来支持隐私保护。支付卡行业数据安全标准 (Payment Card Industry Data Security Standard, PCI-DSS) 就是一个例子，该标准要求指定的信用卡处理机构使用 PCI-DSS 来处理相关信用卡的支付。

有些行业为企业提供了隐私标准，以更好地保护消费者的权益，但未强制要求企业遵循。例如，美国数字广告联盟 (Digital Advertising Alliance, DAA) 提供了 DAA 自我监管原则，[7] 以建立和实施针对整个数字广告行业的特定隐私实务。针对技术工程师、信息安全专业人士和隐私从业人员制定的更集中关注于技术的隐私标准越来越多。

一些常见的隐私标准包括：

- **IEEE：**
  - P802E：针对 IEEE 802 技术隐私考虑因素的 IEEE 实务建议草案。
  - P802.1 AEdk：局域网和城域网标准 —— 媒体访问控制 (Media Access Control, MAC) 安全性，修订 4：MAC 隐私保护。
  - P7002：数据隐私处理。
  - P1912：消费者无线设备的隐私和安全框架标准。
  - P2876：在线游戏包容性、尊严和隐私的实务建议。
  - P7012：机器可读个人隐私条款标准。
  - P2049.2：人类增强标准：隐私与安全性。
  - P2410：生物识别隐私标准。

- **国际标准化组织 (International Organization for Standardization, ISO)/国际电工技术委员会 (International Electrotechnical Commission, IEC)：**
  - ISO/IEC 27701:2019：安全技术 —— 用于 ISO/IEC 27001 和 ISO/IEC 27002 隐私信息管理的扩展：要求和准则。
  - ISO/IEC TR 27550:2019：信息技术 — 安全技术 — 系统生命周期过程的隐私工程。
  - ISO/IEC 27030：信息技术 — 安全技术 — 物联网安全与隐私准则。
- **NIST 隐私标准和准则：**
  - NISTIR 8062 隐私工程和风险管理简介。
  - NIST 隐私框架：通过企业风险管理改善隐私保护的工具。
  - NISTIR 7628 智能电网网络安全准则。
- **OASIS 隐私标准：**
  - OASIS 隐私管理参考模型和方法论 (Privacy Management Reference Model and Methodology, PMRM)。
  - 面向软件工程师的 OASIS 隐私设计文档，版本 1.0 (PbD-SE) —— 委员会规范。
  - OASIS 隐私设计的附录指南：软件工程师文档，版本 1.0。
- **PCI-DSS：**用于实施保护信用卡持卡人数据必要举措的标准，这些标准还支持隐私保护和原则及隐私泄露防护。

1.2.5 隐私原则和框架

在既定隐私框架中应用的隐私原则促使企业能够以全面且一致的方式在所有地点对业务活动的各个方面实施隐私控制。一些普遍应用的隐私原则示例包括：

- ISO/TS 17975:2015 健康信息学：同意收集、使用或披露个人健康信息的原则和数据要求。
- OECD 隐私原则，2013 年。
- 普遍接受的隐私原则。
- ISACA 隐私原则。

根据《ISACA 隐私原则和计划管理指南》，[8] 框架是一个全面的结构，有助于企业实现企业 IT 治理和管理目标，以及所有其他类型的信息处理。COBIT 采用系统的整体性方法，通过维持效益实现与优化风险水平及资源利用之间的平衡，帮助企业从 IT 和物理系统中创造最大价值。

通常，制定标准的企业还会创建管理框架，以支持定义最有利的标准使用时间、领域和方式。企业将它们称为标准框架、技术或原则。一些隐私框架的示例包括：

- APEC 隐私框架。
- ISO/IEC 29100:2011：信息技术 — 安全技术 — 隐私保护框架。
- ISO/IEC 29187-1:2013 信息技术 — 识别与学习、教育和培训有关的隐私保护要求 —— 第 1 部分：框架和参考模型。
- MITRE 隐私工程框架。
- NIST 隐私框架。
- NIST PII 清单仪表盘。
- 隐私设计。

1.2.6 隐私自我监管标准

随着隐私法律法规的逐渐增加及新兴技术带来的漏洞和风险，创建隐私自我监管框架在各个行业中变得越来越普遍。

例如，各种全球企业正在制定自我监管标准，以应对在线行为广告中日益增多的变化：

- 广告标准局 (Advertising Standards Authority) 是英国的一家独立监管机构，负责管理所有类型的媒体中的广告，确保在线行为广告 (Online Behavioral Advertising, OBA) 规则的执行。
- 美国白宫和联邦贸易委员会呼吁制定行业隐私标准。
- 除 GDPR 之外，欧盟成员国正在考虑使用更多的隐私标准来保护其公民的个人信息。
- 亚太经合组织隐私框架概括了消费者对其隐私利益保护的期望。APEC 经济体可以使用该框架来共享最佳实践并协调法律标准，使跨境共享消费者信息不会成为消费者、企业或政府的风险来源。

一般来说，大多数行业倾向于制定自己的自我监管标准，而不是遵循政府组织制定的法律和法规。以下是目前正在使用的一些自我监管隐私标准。

- **美国能源行业** 北美能源标准委员会 (North American Energy Standards Board, NAESB) 根据现有报告和法律建立了用于第三方访问消费者智能电网数据的业务实务模型。NAESB 发布了以下针对能源行业的非约束性隐私标准：
  - **NAESB REQ.22，《第三方对基于智能电表的信息的访问》(Third Party Access to Smart Meter-Based Information)** 该标准为第三方对基于智能电表信息的访问提供了业务实践模型，供企业自愿采用。NAESB 在此标准内提出的隐私建议主要基于 NISTIR 7628 修订版 1。
  - **NAESB REQ.21，《能源服务提供商接口》(Energy Services Provider Interface)**[9] 据 NAESB 表示，“NAESB 的《能源服务提供商接口》标准 (REQ.21) 旨在创建标准化流程和接口，用于在零售客户指定的数据保管者（分销公司）与获得授权的第三方服务提供商之间交换零售客户的能源使用信息”。REQ.21 包含了一些缓解相关隐私风险的建议。
- **美国农业** 《农场数据的隐私和保护原则》[10] 旨在向农民确保其与大数据服务提供商共享的数据不会遭到滥用。这些非约束性原则为收集、存储和分析农场数据的企业提供了准则。该准则可用于制定服务合同和营销工具，使用农场数据来提高农作物产量或降低农民成本。
- **移动应用行业** 美国数字广告联盟发布了《自我监管原则在移动环境中的应用》(Application of Self-Regulatory Principles to the Mobile Environment)，为广告商、代理商、媒体和技术企业提供了指南，指导他们如何让消费者控制交叉应用程序（行为广告）、个人目录及移动应用程序中的精确位置数据的使用。网络广告促进会 (Network Advertising Initiative, NAI) 面向其成员发布了自我监管的《移动应用规范》(Mobile Application Code)，以管理移动设备上的行为定向广告。
- **广告业** NAI 行为准则是一套自我监管原则，要求 NAI 成员企业通过 HTTP cookie 提供有关基于兴趣的广告的通知和选择。该规范限制了成员企业可用于广告目的的数据类型，并针对成员企业收集、使用和传输数据，将其用于基于兴趣的广告的行为施加了一系列实质性限制。DAA 针对数字广告建立了一套单独的自我监管原则，通过 DAA 的透明度和问责原则来执行隐私实务。
- **社交媒体行业** 欧盟主要的社交网络服务提供商签署了自我监管协议《欧盟更安全的社交网络原则》(The Safer Social Networking Principles)，承诺实施保障未成年用户安全的措施。

- **移动计算行业** 欧洲领先的移动服务提供商和内容提供商签署了《为青少年和儿童创造更安全的手机使用环境的欧洲框架》(The European Framework for Safer Mobile Use by Younger Teenagers and Children)[11]。它提出了一系列国家和企业措施，以确保包括青少年和儿童在内的用户更安全地使用移动计算设备。
- **个人信息处理者** APEC于2015年8月批准了关于APEC处理者隐私识别(Privacy Recognition for Processors, PRP)系统治理[12]的文件。新成员调查问卷中列出了PRP的基本要求，旨在帮助个人信息控制者识别合格且负责任的个人信息处理者，协助他们履行相关的隐私义务。
- **客户数据保护和自带设备的使用** 香港金融管理局发布的一则通函，为银行提供多层安全控制的实施指南，以预防和检测客户数据丢失、泄露的情况。该通函要求银行在允许使用自带设备(Bring Your Own Device, BYOD)的情况下，应遵守香港银行公会制定的严格的最低控制标准。
- **《个人信贷资料实务守则》** 该守则由香港个人资料私隐专员公署发布，提供了关于如何处理消费者信贷资料的实用指南。该守则适用于征信机构的实务，以及信贷提供者与征信机构和债务追收机构之间的合作。
- **《电信行业咨询指南》(Advisory Guidelines for the Telecommunication Sector)** 新加坡个人数据保护委员会发布的咨询指南，旨在帮助解决电信行业独特的数据隐私要求，以遵循2012年《个人信息保护法案》。该指南的范围涵盖了电信行业中的各种情况，包括漫游、账单中的广告、明细账单中显示的个人数据及“禁止拨入”条款。
- **银行业** 《银行营运守则》阐述了新西兰银行在数据保护法律法规方面及为公平合理地对待客户所做的工作方面的实务。
- **人类生物医学研究行业** 《人体生物医药研究道德准则》(The Ethics Guidelines for Human Biomedical Research)[13]汇编了新加坡生物伦理咨询委员会(Bioethics Advisory Committee, BAC)以往的建议。它建立了新加坡研究伦理的治理框架，确保研究参与者的隐私得到适当保护。此外，它为伦理委员会或机构审查委员会的研究人员和成员提供了关于数据保护规则和法规的伦理资源。

1.3 隐私记录

文档记录是有效的隐私治理计划不可或缺的一部分。维护各种类型的文档至关重要，有助于清楚地展示企业数据管理实务和目标；履行适用隐私法律规定的义务；建立关键利益相关方之间的信任，以及践行隐私计划管理方面应有的谨慎标准。

隐私从业人员需要：

- 确保内部政策和程序、外部隐私告知及其他相关文件符合企业适用的隐私法律、法规、合同义务和其他法律要求。
- 确保任何必要的或企业采用的行业标准均反映在企业的隐私记录和实务中。
- 定期审查和评估面向内部的政策、程序和相关文档及面向外部的隐私告知、网站、社交媒体页面和相关文档，以确保满足隐私要求。

1.3.1 文档类型

必须有各种文档来支持和展示全面的隐私管理计划并满足各种隐私法律要求。本节讨论了隐私从业人员必须了解的常见文档类型，且通常需要他们创建、维护、评估及与他人沟通这些文档。

此处并未穷举支持所有类型隐私管理计划所需的全部文档类型。此外，也未按照隐含的重要性或使用情况顺序列出文档类型。每个企业应以此列表作为起点，确定满足适用法律要求和缓解隐私风险所需的文档。

隐私告知

隐私告知是面向外部数据主体和数据保护机构的声明。它描述了企业如何收集、使用、保留、保护和披露个人信息。隐私告知通常称为隐私政策或隐私声明。

隐私告知确立了相关企业遵循隐私告知中所列出的实务的法律责任。监管机构、审计师和律师根据企业与隐私告知有关的实务，对企业的隐私管理计划和管理人员做出评判。企业应了解，数据控制者和数据处理者均有责任遵守隐私告知，这一点非常重要。请参阅第 1.6 节“与数据有关的角色和职责”了解更多信息。

注：在本手册中，隐私告知指面向外部的声明，隐私政策指员工和其他工作人员应了解、遵循的面向内部的文件。

隐私告知的主要目的包括：

- 确立企业使用和保护个人信息的责任。
- 通过尽可能通俗易懂的语言为数据主体提供以下信息：
  - 所收集的个人数据。
  - 个人数据的使用方式。
  - 与谁共享个人数据。
  - 个人数据将保留多长时间。
- 告知数据主体如何行使其对相关个人信息的权利的程序。
- 支持数据主体做出同意或其他合法授权，从而允许数据控制者按预期目的或计划使用其个人信息。
- 建立和维护数据主体的信任。

以多种方式向数据主体发布隐私告知。例如：

- 企业网站上有一个专门的页面说明与隐私相关的活动。
- 要求提供个人信息的表格说明了企业将如何使用和保护个人信息。
- 手册（例如支付卡公司每年在美国分发的手册）中说明了隐私保护和权利。
- 在企业设施（例如医疗诊所或医院）提供的文档中说明了如何收集、使用和共享个人信息，并指出个人访问其个人信息的权利。
- 合同（例如贷款或其他金融服务合同）中描述了企业如何收集、使用、存储、共享和保护个人信息。
- 建筑物或内墙上的标志（例如表示正在使用闭路电视摄像机的警告标志）可作为一种隐私告知。

使用条款声明通常包含了企业如何使用个人信息的规定的说明，相关企业将这些声明作为其隐私告知。[14] 最好维护单独的隐私告知和使用条款声明，这是一种常见的实务。

同意书

同意书的预期用途包括：① 提供信息，以供潜在数据主体当前和未来参考；② 记录主体与获得同意的实体之间的交互。

仅签署同意书可能不构成充分的同意过程。知情同意过程指企业与数据主体之间持续的信息交换。可能采取的方式包括答疑会、电子邮件、社区会议和录像演示。[15]

获得书面同意是一项单独的活动，除此之外，数据控制者还需要告知数据主体如何进行查询或通知企业各种决定，例如撤回同意或要求删除个人数据。

隐私政策

隐私政策是管理层的正式文件，描述了数据处理者的员工在保护个人信息方面应遵循的总体意图和方向。隐私政策是一份面向内部的文件，不面向企业外部人员（数据控制者）。在本出版物中，术语"面向内部的文件"用于建立员工和其他企业相关人员在支持隐私保护方面所必须遵循的规定。[16]

注：在某些地区，根据某些法律、法规和合同协议，员工和承包商被视为数据处理者。但某些欧盟 GDPR 执法机构和其他监管机构不认为员工是数据处理者。关于这一点，隐私经理和隐私工程师需要咨询法律顾问。

隐私程序

虽然政策明确了企业内隐私保护活动的总体意图和目标，但程序提供了在具体情况下实施政策并有效实现政策最终目标的操作说明。隐私从业人员需要以符合企业文化的方式参与制定整个企业的隐私程序。这样，隐私从业人员才能确保隐私程序符合并支持相应的企业隐私政策和相关的业务需求。

程序可以指导员工如何一致地开展日常工作，以满足政策规定的要求。

程序必须落实到书面上，以支持个人数据保护方面的隐私政策和法律要求的合规性。程序也是统一员工认识所必需的要素，可支持他们采取一致的行动，以满足隐私政策的要求。Herold 指出[17]：

> *如果您的员工不知道或不了解如何维护信息的机密性，或者如何适当地保护信息，可能的风险不仅是您最有价值的业务资产之一（信息）遭到处理不当、使用不当或者被未经授权的人员获取，还可能让您面临违反法律法规的风险，因为越来越多的法律法规要求开展某些类型的信息安全及隐私意识和培训活动。*

尤其重要的是，隐私工程师和其他隐私从业人员必须与整个企业内的其他从业人员合作，以确保：

- 在系统、应用程序和基础设施的设计、开发和实施过程中遵循隐私计划和实务。
- 企业和信息架构支持隐私设计原则和考虑因素。
- 恰当地使用新兴的隐私增强技术。
- 根据法律要求的变化对隐私工程实务做出适当和对应的调整。
- 可根据既定的数据分类政策进行适当的识别、验证和实施隐私与安全控制。

程序应予以记录和维护，并提供给所有需要这些程序来支持履行工作职责的工作人员。隐私从业人员应协助在整个企业内实施隐私程序，或者进行某种形式的监督。从业人员的参与不仅可确保企业实现相关的隐私政策目标，还有助于从业人员更好地了解隐私实务在实际应用和使用中如何影响业务活动。

处理记录

处理记录通常与 GDPR 第 30 条的关联度最高，该条款描述了合规性所需的处理文件记录。为保留处理活动的记录，应当维护上述文档。处理记录包括：[18]

1. *每个控制者及其代表（如适用）应维护其负责的处理活动的记录。该记录应包含下列所有信息：*
   - a. *控制者和联合控制者（如适用）、控制者代表及数据保护官的名字和联系方式。*
   - b. *处理的目的。*
   - c. *对数据主体类别和个人数据类别的描述。*
   - d. *已向或将向其披露个人数据的接收者的类别，包括第三方国家/地区或国际组织中的接收者。*
   - e. *在适用的情况下，向第三方国家/地区或国际组织转移个人数据，包括该第三方国家/地区或国际组织的识别，以及对于第 49 条第 (1) 款第二段所述的转移，还应记录适当的保障措施。*
   - f. *在可能的情况下，针对不同数据类别设想不同的擦除时间限制。*
   - g. *在可能的情况下，对第 32 条第 (1) 款中提到的技术和组织安全措施给出一般说明。*
2. *每个处理者及其代表（如适用）应维护控制者执行的所有类别的处理活动的记录，包括：*
   - a. *处理者及其代表的每个控制者的名字和联系方式，在适当情况下，还包括控制者或处理者的代表及数据保护官的姓名和联系方式。*
   - b. *代表每个控制者执行的处理类别。*
   - c. *在适用的情况下，向第三方国家/地区或国际组织转移个人数据，包括该第三方国家/地区或国际组织的识别，以及对于第 49 条第 (1) 款第二段所述的转移，还应记录适当的保障措施。*
   - d. *在可能的情况下，对第 32 条第 (1) 款中提到的技术和组织安全措施给出一般说明。*
3. *第 1 段和第 2 段所指的记录应采用书面形式，包括电子形式的记录。*
4. *控制者或处理者及他们的代表（如适用）应根据监管机构的要求向其提供记录。*
5. *第 1 段和第 2 段所述的义务不适用于员工人数少于 250 人的企业或组织，除非其执行的处理很可能对数据主体的权利和自由造成风险，该处理不是偶然的，或者该处理涉及的数据包含了第 9 条第 (1) 款所提及的特殊数据类别或第 10 条所提及的与刑事定罪和犯罪行为有关的个人数据。*

纠正行动计划

纠正行动计划 (Corrective Action Plan, CAP) 是一份正式的书面计划，旨在缓解和补救已识别的隐私问题及在审计和风险评估过程中发现的不合规风险。CAP 还适合记录改善隐私实务的同时改善企业流程的机会。CAP 通常需要用来满足监管机构特别要求的执法行动。例如，美国卫生和公众服务部 (Health and Human Services, HHS) 民权办公室 (Office for Civil Rights, OCR) 已处理过数百起 HIPAA 违规处罚，[19] 其中包括，要求相关企业建立 CAP 来纠正违反 HIPAA 行为。

在 HHS OCR 案件中，CAP 的目的是纠正导致违反 HIPAA 规定的潜在不合规行为。在经过调查、协议和解及罚款后，HHS OCR 制订并执行了CAP。

全球其他监管机构也会使用 CAP。监管机构的 CAP 时间可能跨越一年或几十年，这取决于发现的缺陷和违规情况。审计师（内部和外部）及信息安全和隐私从业人员使用 CAP 来支持计划管理。

数据保护影响评估

数据保护影响评估 (Data Protection Impact Assessment, DPIA) 是一种隐私评估，涵盖的范围比一般意义上的隐私影响评估更加具体。GDPR 第 35 条描述了要求在 DPIA 文档中记录的内容，具体如下：[20]

该评估至少应包含：

1. *对设想的处理操作和处理目的的系统性描述，包括控制者追求的合法利益（如适用）。*
2. *评估处理操作与目的相关的必要性和相称性。*
3. *对第 1 段所提及的数据主体的权利和自由进行的风险评估。*
4. *为应对风险而设想的措施，包括保障措施、安全措施和机制，以确保对个人数据的保护，并在考虑数据主体和其他相关人员的权利和合法权益的情况下证明遵守本条例。*

请参阅第 1.13.1 节“已建立的 PIA 方法”以了解更多信息。

备案通知制度

根据 1974 年修正的《隐私法案》第 (e)(3) 节，[21] 每个美国联邦机构都必须创建文件化的备案通知制度 (System of Record Notices, SORN)，以展示在企业用于向个人收集 PII 的文件中，这些公告将保留在隐私法案备案制度中。SORN 是面向公众的正式公告，阐明了收集 PII 的目的、向谁收集这些信息、收集哪些类型的信息、如何在外部共享 PII（日常使用），以及如何访问和更正每个联邦机构所维护的任何 PII。各机构必须在《联邦公报》中公布 SORN。一些联邦机构需要负责一个或多个适用于所有政府机构的备案制度。联邦机构内的隐私工程师或与联邦机构签约的人员需要了解 SORN 和所描述的 PII。

个人信息清单

个人信息清单是企业收集、提取、处理、存储或以其他方式处理的个人数据资产的文档化贮存库。将数据流映射纳入数据清单可提供宝贵的见解，因此建议在任何可能的情况下都这样做。

由于个人信息没有通用的定义，因此每个企业都必须确定要在其企业的 PII 中记录的具体信息项。具体信息项应反映与企业的服务、产品、地点、客户、患者、员工和供应商及其他决定因素有关的个人信息的既定定义。隐私从业人员需要确保存在更新并维护最新清单和现有数据流图（如有）的程序。

个人信息清单通常与 IT、安全或治理手册或自动化工具结合使用，包含有关企业网络、应用程序、系统、存储区和物理形式的信息。个人信息清单支持隐私管理计划举措的工作，以记录有关企业个人信息（例如人力资源数据、客户数据或市场营销数据）。每个企业都是独特的，因此个人信息清单项目会因企业的不同而存在差异。个人信息清单可以记录在硬拷贝媒体、电子表格、文字处理文档、数据库或其他类型的工具中。请参阅第 3.1 节“数据清单和分类”以了解更多信息。

其他类型的文档

目前，有许多其他类型的文档可支持企业管理隐私计划并满足广泛的特定法律要求。这些文档的格式和内容通常因企业的不同而存在很大差异。一些重要但没有严格定义的文档类型包括：

- **活动日志：**记录隐私管理活动的日志，可以手动创建、由应用程序和系统生成，也可以通过供应商提供的或内部创建的各种工具自动生成。日志可详细说明参加过隐私培训的人员姓名、身份验证尝试失败的次数、给员工发放车辆位置，以及有权访问个人信息记录的人员身份等信息。
- **数据保护法律要求：**企业应识别并记录适用于其运营的所有隐私法律要求。此文档应提供给整个企业的关键利益相关方，尤其是隐私工程师，以帮助他们确保所设计的系统、应用程序、网络及其他服务和产品能够适当地支持法律要求。
- **隐私风险评估报告：**隐私风险报告反映了关于企业如何收集、使用、共享、维护和销毁个人信息的系统性评估的结果。隐私风险评估报告是概述企业隐私风险状态的重要文档。它不仅有助于满足法律要求（包括 GDPR 和 CCPA 等隐私法规的要求），还能够管理伴随新兴技术带来的风险并解决法律要求未涵盖的隐私风险。有关隐私风险评估的更多信息，请参阅第 1.13 节“隐私影响评估”。
- **PIA 报告：**PIA 通常是一个过程，用于确定个人信息是否得到了适当的保护、使用、共享，是否妥当地提供给了与之相关的个人，以及是否进行了恰当的销毁处置。PIA 报告详细阐述了 PIA 的结果，并且包括如何适当缓解已发现的隐私风险的相关文档。有关 PIA 的更多信息，请参阅第 1.13 节“隐私影响评估”。
- **隐私治理报告：**这份报告旨在向关键利益相关方传达整个企业隐私合规性的当前水平；自上次隐私治理报告发布之后所做的改进；自上次隐私治理报告发布之后遇到的风险、事件和问题，以及隐私计划和实务变更的状态和结果。这类报告之所以必要，有很多原因，主要包括：
  - 展示隐私部门和治理计划的价值。
  - 使关键利益相关方了解整个企业的隐私问题和风险。
  - 在隐私计划中传达成功与改进。
  - 加强隐私从业人员和关键利益相关方的互动，并了解关键利益相关方所关注的领域。
- **培训活动：**记录培训的时间、主题、参加培训的人员及培训的日期是很重要的。此外，记录培训的方式及受训人员的所有测验或测试的结果也很重要。此类文档提供了向审计师或监管机构证明培训活动遵循了应有的谨慎标准的重要证据。文档还提供了已开展的培训活动的历史记录，有助于更好地了解培训的有效性，并能为如何改进培训计划提供见解。
- **意识沟通：**[22] 意识不同于培训。意识活动可以在不同地点同时开展，而且可以长期进行。隐私意识活动可促进持续合规，保持员工对关键问题的关注。合规性需求和意识活动应随着企业需求而变化。意识通常是教育策略中影响行为和实践的“内容”组成部分。培训通常是实施安全和隐私的“方法”部分。为了有效开展意识活动，了解受众的需求很重要。意识活动的受众非常广泛，包括第三方、客户及消费者，涵盖了与企业合作的每个人。意识活动的受众拥有不同的经验、背景和工作职责。决策层面的意识目标是说服受众相信安全和隐私风险是可以降低的，并确保企业领导者意识到其承担的法律法规义务。所有意识活动的文档记录可证明企业遵循了应有的谨慎标准，并支持各种有关隐私的法律要求。

1.4 法律目的、同意和合法权益

法律目的、同意和合法权益关系到个人信息的使用、共享、处理和保留方式及提供给相关人员（数据主体）访问的方式，以及供其他类型的活动访问的方式。

虽然这些术语和概念在主观意义上已经被人们使用和理解了几十年，但它们在欧盟 GDPR 中明确使用令它们受到了越来越多的关注，并强调了理解相关含义和要求的必要性。隐私工程师尤其有必要了解这些术语和概念，因为他们设计的大部分系统、应用程序、网络、服务和程序都必须符合这些术语所定义的法律要求。

1.4.1 法律目的

长期以来的一项隐私原则是，[23] 当企业收集和使用个人信息时，数据控制者应：

- 在提出个人信息请求时，于隐私告知中或以其他传达方式描述和指定收集个人信息及任何相关敏感信息的目的，确保该目的符合适用法律的要求并有允许的法律依据。
- 根据所述目的和获得的同意调整对个人信息和敏感信息的后续使用，并遵守有关使用限制的法律要求。
- 必要时，与适用的数据保护法律机构就合法目的和使用限制进行沟通。

收集、使用和共享个人信息的目的必须符合相关法律要求。关于如何确定此类目的是否合法，以 GDPR 中的一个条款为例，[24] 第 6 条要求，个人数据的处理只有在下列的任一情况下才是“合法的”：

- *数据主体出于一个或多个特定目的已同意处理其个人数据。*
- *为履行数据主体为当事方的合同，或者在签订合同前应数据主体的要求采取措施，必须进行个人数据的处理。*
- *为履行控制者所承担的法律义务而有必要进行个人数据的处理。*
- *为保护数据主体或其他自然人的切身利益而有必要进行个人数据的处理。*
- *控制者为执行旨在实现公共利益的任务或行使其职务权限，而有必要进行个人数据的处理。*
- *为了控制者（政府当局除外）或第三方所追求的合法权益而有必要进行个人数据的处理，除非数据主体的利益或基本权利与自由凌驾于这些利益之上，尤其是当数据主体是未成年人时。*

虽然欧盟成员国必须满足这些最低要求，但每个成员国还可以制定其他更具体的要求。因此，对每个企业来说，了解收集和处理的个人信息所在国家/地区的要求非常重要，而不能假定 GDPR 涵盖了所有要求。

1.4.2 同意

企业在收集个人信息时，应该：[25]

- 根据有关个人信息收集、使用和披露的所有相关法规的强制要求，获得明示或默示的同意。
- 确保已获得适当和必要的同意：
  - 在开始收集活动之前。
  - 将个人信息用于最初收集目的之外的其他用途之前。
  - 将个人信息转移给第三方或其他司法管辖区之前。

如果通过传真机或使用任何其他电子传输方法获得同意，则最好附上一张封面，告知接收者随附的文件可能包含特权信息，必须加以保护，以防止未经授权的披露。

隐私工程师需要确保向个人提供适当并且一致的同意书。隐私工程师还应确保正确记录相关的同意和拒绝同意。对于拒绝同意的情况，由于个人可能未提供任何拒绝记录，因此隐私工程师需要建立一种方法，以数字或手动方式记录该拒绝同意的情况。

未来的服务和产品设计必须支持：

- 关于使用或不使用个人信息的决策。
- 遵守使用限制的相关法律要求。

世界各地的多项法规对如何及何时收集和使用同意书有具体的要求。

以下是两个例子：

1. **GDPR：**[26] 两个条款具体规定了必须取得相关数据主体同意的情况。
    a. 第 7 条详细规定了需要取得同意的四个不同条件：
        i. 当基于同意进行数据处理时，数据主体的同意必须明确。
        ii. 如果数据主体通过书面声明的方式表示同意，但该声明还涉及其他事项，则应以明显区别于其他事项的方式征得同意。
        iii. 数据主体有权随时撤回同意，而且撤回同意必须与给予同意一样容易。
        iv. 该同意必须是在自由的前提下做出的，不得以不必要的个人数据处理或履行合同或提供服务为条件。
    b. 第 8 条详述了取得儿童同意的三个条件：
        i. 对于年满 16 岁的儿童，取得儿童自身对数据处理的同意被视为合法。对于未满 16 岁的儿童，同意书必须获得法定监护人的授权。需要注意的是，欧盟国家/地区可以制定法律，规定 16 岁以下 13 岁（含）以上的儿童可以直接给予同意。
        ii. 对于未满 16 岁的儿童，数据控制者必须尽力确认以法定监护人身份给予同意的人确实有该权力。
        iii. 这些要求并不取代各个欧盟国家/地区适用的一般合同法。
2. **HIPAA：**[27] HIPAA 允许使用和披露受保护的健康信息 (Protected Health Information, PHI)，这是一种仅仅限定于医疗保健的个人数据，用以进行治疗、促进支付或使相关实体（医疗保健提供商、保险公司和清算所及其业务伙伴）方便开展其他医疗保健活动，而无须获得同意。然而，在这些情况下，上述相关实体出于展示信任、维护记录或其他目的的需要，也可以选择使用同意书。但在其他某些情况下必须征得同意，即 HIPAA 法规要求的“授权”，这些情况包括共享心理治疗笔记、营销目的、销售 PHI、公共健康或研究目的。

1.4.3 合法权益

企业的合法权益可构成其在未征得相关个人同意的情况下进行各种数据处理活动的法律依据，这些合法权益包括：向消费者或员工收集个人信息；从 IoT 设备数据或 AI 活动中获取个人信息；从代表其执行活动的另一家企业获得个人信息。上述情况的前提是，考虑到个人基于与企业的关系做出的合理预期，相关个人的权益或合法权利不高于企业合法处理数据的权利。

通常，当个人是指客户、消费者、患者，或者受雇于企业或与企业有某种关系时，个人（数据主体）与企业（数据控制者）之间存在相关且适当的关系。例如：

- 当企业需要使用员工的个人信息来创建利益相关方年度报表或提交国家/地区纳税申报报告时。
- 为了国家安全，比如获得患者感染统计数据时，确定国家各个地区感染 COVID-19 的患者人数，以支持控制病毒传播。
- 在进行取证分析时确定网络黑客攻击事件的来源。

确定是否适用合法权益取决于对具体情况的评估，包括有关个人在收集其个人信息时是否能够合理预期对其个人信息的分析能够合理进行。如果个人没有合理预期的进一步处理，则个人的利益或合法权利可能高于企业的利益。隐私工程师在创建涉及个人信息使用的服务和产品时，应意识到此类合法权益，这一点很重要。由于需要通过评估来确定合法权益，因此，隐私工程师应该让法律顾问、信息安全官和隐私官来参与决策。

GDPR 通常被视为要求开展合法权益评估的主要法规。然而，其他地方、州和国家法律法规也可能允许在将个人信息用于收集个人信息时未明确说明目的之前考虑合法的利益。

1.5 数据主体的权利

关于数据主体权利（与个人信息关联的个人的权利）的争论一直没有间断过。在过去几十年中，法律法规确立了广泛的数据主体权利。隐私工程师和其他隐私从业人员需要识别、记录和理解适用于收集、获取、存储、传输、共享、访问或以其他方式处理的个人信息的数据主体权利。

美国国家标准与技术研究院隐私框架[28] 是一个企业用以构建隐私管理计划自愿使用的工具，其中包括两项特定功能来支持数据主体对于其个人信息的访问、控制和沟通的权利。

- **控制 (Control-P)：**开发并实施适当的活动，以使企业或个人能够以足够的粒度处理数据，从而管理隐私风险。Control-P 功能从企业和个人的角度考虑数据处理过程中的管理。
- **沟通 (Communicate-P)：**开发并实施适当的活动，使企业和个人能够正确地认识并参与有关数据处理方法和相关隐私风险的对话。Communicate-P 功能确认企业和个人可能需要了解数据处理方式才能有效地管理隐私风险。

隐私工程师可以使用 Control-P 功能和 Communicate-P 功能的类别和子类别中描述的控制来指导允许个人访问其相关个人信息的服务和产品的工程设计。这些类别包括：

- **Control-P 类别：**
  - 数据处理的政策、流程和程序 (CT.PO-P)：维护政策、流程和程序，并将其用于管理与企业保护个人隐私的风险策略一致的数据处理（例如，数据处理生态系统的目的、范围、角色和职责，以及管理层的承诺）。
  - 数据处理管理 (CT.DM-P)：根据企业的风险战略管理数据，以保护个人隐私，提高可管理性，并践行隐私原则（例如，个人参与、数据质量、数据最小化）。
  - 取消关联处理 (CT.DP-P)：数据处理解决方案根据企业风险战略增加了数据不可关联性，以保护个人隐私并践行隐私原则（例如，数据最小化）。

- **Communicate-P 类别：**
  - 沟通政策、流程和程序 (CM.PO-P)：维护政策、流程和程序，并用于提高企业数据处理实务（例如，数据处理生态系统的目的、范围、角色和职责，以及管理层的承诺）和相关隐私风险的透明度。
  - 数据处理意识 (CM.AW-P)：个人和企业对数据处理实务和相关的隐私风险具有可靠的认知，并使用和维护有效的机制来提高可预测性，从而与企业保护个人隐私风险战略保持一致。

在 NIST 隐私框架中可以找到以上所列出的每个类别的子类别及其相关详情。[29] 子类别为隐私工程师提供了特定类型的指南、功能和控制项，以支持数据主体的权利。

B 部分：管理

管理实务包括建立与数据、隐私培训及意识交流和活动有关的隐私角色和职责；供应商和第三方管理实务；隐私审核流程，以及隐私事件管理能力。

有效的企业隐私管理战略应致力于以适合业务生态系统的方式解决当前和新兴的隐私问题，满足企业对数据保护的法律要求，并且最好基于符合企业文化和环境的客观确立的隐私原则。如果没有这些基础，企业的隐私管理计划可能存在漏洞、缺陷，或者无法使用高效和可重复的管理战略，从而导致隐私风险、个人信息的不当使用和隐私泄露。

隐私管理战略应与企业总体架构和风险管理流程保持一致。该文件应全面、完整，涵盖所有企业活动和各类信息，并包含所有所需的文件，且具有可操作的适当详细程度。隐私从业人员需要与 IT 和信息安全从业人员及整个企业内的其他关键利益相关方合作。此方法有助于支持在设计、开发和实施企业范围的系统、应用程序和基础设施时遵循隐私政策和实务。

企业内负责支持隐私管理的每个角色都应该能够访问到并使用该企业隐私管理战略。虽然企业应向所有员工传达隐私管理战略的总体概念和目标，但并非每位员工都需要访问支持隐私管理战略的细节。隐私管理战略应仅限需要访问的人员访问，例如负责整个企业隐私实务的人员、负责维护企业隐私管理战略各个组成部分的人员，以及支持隐私管理战略的关键利益相关者。基于企业独特的组织环境、行业、位置和其他适用的因素，打造每个企业独有的隐私战略。

尽管企业可以确定自己独特的业务环境所需的其他组件，但强有力的隐私战略常见组件包括：

- 与数据有关的角色和职责。
- 隐私培训和意识。
- 供应商和第三方管理。
- 审计流程。
- 隐私事件管理。

1.6 与数据有关的角色和职责

为了维护成功且最新的隐私计划，企业必须：

- 确定负责解决隐私保护的角色。
- 保护个人及其相关的数据。
- 在整个企业的各个层级上维护该计划。
- 在包括数据、系统和应用程序的整个生命周期中为该计划提供支持。

从历史上看，解决隐私问题是法务部的唯一责任，偶尔由市场营销部门来承担。随着隐私泄露事件的类型越来越多样化，再加上新兴技术创建了更多类型的个人数据，仅由法务部和市场营销部门来处理数据隐私问题被视为目光短浅的做法。如果仅由法务部处理隐私问题，会让企业的很多领域变得脆弱。

在许多企业中，负责隐私保护的人与负责信息安全的人是分开的。通常，这些部门并不了解他们之间的关系。[30]

隐私保护是整个企业的责任。为成功解决隐私问题，企业必须积极有效地整合企业隐私管理战略与信息安全管理架构。负责数据隐私的人员和负责信息安全的人员必须保持密切的联系和沟通。否则，会在实践和技术方面出现破坏性冲突。例如：

- 安全控制或 IT 架构的变更可能影响隐私风险水平。
- 在实施隐私控制时，通常需要实施信息安全技术和控制措施。
- 如果一个职能部门假设另一个职能部门会处理合规性问题，可能出现合规性缺口。

人力资源、法务、IT、数据管理、软件开发和变更管理等职能部门在各自部门支持的主要隐私保护工作中扮演着关键角色。负责所在部门隐私问题的人员需要了解并确定在其职责范围内适用的个人信息和隐私保护法律要求。

在审查和制定信息安全和隐私政策时，必须让企业所有业务部门的利益相关方参与其中。公司层面有负责公司隐私管理、数据保护和法律问题的角色。

所有这些企业团队需要相互协作，以便企业级角色掌握整个企业的隐私管理、数据保护和法律需求。之后，企业级角色便可确定如何满足企业的隐私和信息安全要求。

对企业隐私和数据保护角色的关键要求包括：[31]

- 了解如何识别隐私风险、隐私危害和相关法律要求。
- 了解企业的隐私和数据保护政策。
- 了解并在角色的职责范围内创建符合隐私政策的程序。
- 使用企业选择的隐私原则和框架来实施隐私政策并创建相关的隐私保护措施。
- 在整个企业隐私管理计划中记录并支持隐私原则及支持隐私保护。

在过去几十年中，涌现出各种各样的关于数据保护和隐私的角色和职责。**图 1.5** 列出了一些较常见的角色和职责。

角 色	责 任

数据控制者	数据控制者控制个人信息的适当使用、共享和安全并最终负责。数据控制者通常负责整个法律业务/企业结构。企业作为数据控制者的职责包括：
	● 建立适当且一致的监控，并对隐私管理计划和工具的有效性进行衡量和报告
	● 建立一个衡量和监控以下事项的框架：
	  ■ 隐私管理计划的有效性
	  ■ 对相关政策、标准和法律要求的合规程度
	  ■ 隐私工具的使用和实施
	  ■ 发生的隐私泄露的类型和数量
	  ■ 数据控制者职责范围内的隐私风险领域
	  ■ 有权访问个人信息、敏感信息和相关风险级别的第三方
	● 向关键利益相关方报告遵守隐私政策、适用标准和法律的情况
	● 将 ISO、NIST 和 ISACA 等国际公认的隐私实务整合到企业的业务实践中
	● 针对内部和/或外部审计师在调查、监控、持续审计、分析等过程中对个人数据的使用建立相应的程序
	● 如果地方/国家法律不允许通过监控纯粹的个人数据来预防欺诈/犯罪等，则应对个人数据进行匿名化处理

首席隐私官 (Chief Privacy Officer, CPO) 或数据保护官 (Data Protection Officer, DPO)	CPO 或 DPO 对企业隐私管理计划承担总体责任。在小型企业中，CPO 可能不属于 C 级管理层，而是向某位 C 级高管汇报工作 在世界的某些地区可能要求企业设立一个职位，负责企业整体运营隐私管理计划。GDPR 要求企业的 DPO 必须遵守其要求。此外，美国联邦机构也设立了高级官员来承担隐私角色，履行相当于 CPO 的职责
隐私指导委员会	隐私指导委员会负责监督和审查，以确保企业识别良好的隐私实务，确定优先级，并在整个企业中有效和一致地应用。指导委员会还考虑关于个人数据的获取、收集、使用及共享的道德问题，并就 CPO、DPO、隐私工程师、隐私管理架构师和隐私经理应如何解决这些问题提供意见
隐私工程师	隐私工程师负责制定和设计企业产品和服务中的隐私保护要求
隐私管理架构师	隐私管理架构师负责制订计划，用于构建流程，以支持在产品和服务及在整个企业内实现有效和高效的隐私管理
隐私经理	隐私经理负责管理分配到的具体的隐私管理计划活动和支持工作。在世界上的某些地区，隐私经理是 CPO 或 DPO 团队的成员
企业风险管理委员会	企业风险管理委员会负责企业决策，设定如何收集、评估、控制、优化、资金支持、共享和存储数据的框架，以及监控所有来源的隐私风险。管理决策和框架的目的是通过隐私管理计划为企业利益相关方增加更多短期和长期的价值
数据处理者	数据处理者是代表数据控制者处理个人信息的自然人或法人、公共机构、代理或任何其他实体。在世界上的某些地区（例如欧盟），此术语不适用于数据控制者的员工。在某些地区（例如美国），企业员工是企业的数据处理者 数据处理者的例子包括薪资结算人员、会计、市场研究团队、客户服务代表、IT 管理员及其他工作职责包含了代表数据控制者访问个人信息的角色
业务部门经理	业务部门经理是企业成员，负责确保直接下属适当地解决和缓解隐私问题 业务部门经理确保员工根据企业的隐私政策及与其业务领域活动相关的程序解决隐私问题 业务部门经理还可能承担隐私经理的职责

图 1.5 — 隐私相关的角色和职责

角 色	责 任
信息保管者/服务负责人	这些个体负责涉及个人信息的特定流程或业务应用程序。他们还负责沟通可能影响隐私管理实务的业务计划，进而可能影响用户社区和数据主体。这些角色可能了解业务/运营风险、成本与效益，以及所在业务领域的特定隐私管理要求
第三方/供应商管理的团队	该团队负责监督第三方在其组织内遵循数据保护、隐私与合规性活动。例如，第三方/供应商管理的团队确保供应商拥有充分的隐私事件管理程序，以应对可疑或实际发生的个人信息泄露

图 1.5 — 隐私相关的角色和职责（续）

资料来源：数据出自《ISACA 隐私实务和计划的管理指南》，美国，2016 年，以及《实施隐私保护计划：配合使用 COBIT 5 动力与 ISACA 隐私原则》，美国，2017 年

企业可能需要根据其企业服务、产品、行业和地点来设置更多特定的隐私角色。隐私角色的例子包括：

- 产品隐私官：与采购团队合作，确保企业采购的产品和服务满足必要的隐私要求。
- 隐私管理员：遵循相关程序以支持满足实施隐私保护的要求。
- 隐私合规和审计官：确保实施并持续满足隐私要求。

在小型企业中，这些不同角色所涵盖的任务职责可以（而且通常必须）由隐私经理或适合特定类型企业的其他角色来承担。

前面列出的隐私角色和结构适用于已经达到一定规模和组织复杂度的企业；处理个人信息或管理可揭示特定个人生活情况的信息；或者使用大数据分析、人工智能或来自智能设备的数据。

对于大型企业或需要更加注重隐私的企业，适合采用更精细周密的隐私部门结构，而且可以在所列角色之外增加其他隐私团队和角色。

为增加员工的责任感并激发他们的动力，促使他们了解并遵守安全和隐私要求，应将相关角色的数据保护和隐私职责纳入：

- 正式记录的工作描述。
- 雇佣协议。
- 隐私政策意识确认文件。

业务部门经理可以通过正式的工作描述与员工传达一般和特定的隐私安全角色与职责。所有员工、管理人员和承包商都应遵守隐私政策、安全政策和可接受使用政策，并保护机构的信息和网络资产。[32]

对于主要工作职能不包括严格的信息安全和隐私工作，但需要处理、访问或以其他方式使用个人信息的人员，应该在工作职能中具体指出他们在维护安全和隐私方面的职责。所有承包商和顾问的合同都应包括信息安全和隐私职责，而企业应考虑根据所列的责任和要求提供合规奖金或违规罚款。[33]

1.7 隐私培训和意识

为员工提供所需的安全和隐私信息，同时确保他们了解并遵守要求，这是企业成功的一个重要组成部分。如果员工不知道或不了解如何维护信息的机密性，或者如何适当地保护信息，不仅是企业最有价值的业务资产之一（信息）可能遭到不当处理，还可能使企业面临法律违规的风险，这些法律法规要求企业开展信息安全及隐私意识和培训活动。此外，企业也有可能损害另一项宝贵的资产，即企业声誉受损的风险。数据保护和隐私教育非常重要，原因有很多，包括：[34]

- **满足法规要求：** 越来越多的法律法规要求受其管辖的企业开展某种形式的培训和意识活动。如果调查人员和审计师确定企业没有为员工提供隐私培训和意识活动或者提供的活动不充分，企业因违反相关法律法规受到的处罚和制裁通常会加大。
- **遵循已发布的隐私告知和政策：** 企业有义务遵守自己制定的信息安全和隐私政策及自己发布的隐私告知。未被遵守的政策毫无价值，而且不合规可能导致罚款和监管上的处罚。企业需要教育员工有关信息安全及隐私角色和职责，尤其是在支持已发布的通告、政策、标准和程序方面。意识和培训的设计应支持遵守安全和隐私政策及通告。高管应作为员工的榜样；他们的行为会严重影响员工的意识水平、隐私告知和政策合规性。
- **客户信任和满意度：** 尊重客户的安全和隐私是当今企业面临的最重要的问题之一。客户希望了解到，与他们开展业务的企业以负责任的态度行事，尽一切努力保护他们的 PII 和其他类型的个人信息。
- **尽职调查：** 一般来说，尽职调查可证明管理层已确保企业资产（例如信息）得到充分保护，并且遵守法律和合同义务。这是实施培训和意识计划的一个有力的驱动因素。为使计划有效且符合指导方针，企业必须证明在满足合规性要求方面做了尽职调查，并提倡鼓励道德行为和遵守法律承诺的组织文化。

隐私从业人员必须投入足够的时间和资源来识别和开发有效的隐私培训，以及重要的隐私意识沟通、活动和事件。如果企业缺乏对隐私问题、风险和要求的认识及理解，便容易受到隐私泄露和违规的影响。

1.7.1 内容与交付

隐私培训材料、意识管理内容和沟通应该准确无误，并包含有关风险、危害和实务的正确及实际的陈述。在可能的范围内，培训内容和意识管理材料必须通俗易懂，并尽可能根据工作职能量身定制。所有员工都需要进行一般培训和基于角色的培训及定期的隐私意识提醒，并且员工激励应该与隐私管理意识挂钩。对于工作职责涉及特殊个人信息风险和伤害的相关目标群体和员工，应提供额外的隐私培训和有针对性的意识沟通。

例如，应针对隐私风险和危害，为以下领域的员工提供定制的隐私培训和意识沟通：[35]

- 呼叫中心。
- 市场营销和销售。
- 人力资源。
- 应用程序开发和支持团队。

图 1.6 概述了企业隐私培训和意识计划的组成部分、可能的交付方法和支持性技术，以及相关的益处。

服务能力	支持性技术	益 处
制订正式的隐私教育计划	• 在线技术 • 面对面活动 • 课堂教学	• 遵守法律规定 • 更有效的隐私保护 • 减少隐私泄露
提供正式的隐私培训，以提升隐私保护意识；加深对企业隐私政策、程序和原则的理解；从而实现更好的个人信息保护和遵守各种法律与合规要求	• 培训课程（内部和外部） • 网络研讨会 • 课堂 • 视频 • 会议/研讨会 • 由协会（如 ISACA）提供	• 按照法律要求提供隐私培训 • 提高整个企业的隐私保护意识 • 降低社会工程攻击（如网络钓鱼、身份盗用）的风险 • 更快地识别和应对隐私泄露 • 减少隐私相关错误 • 减少与个人信息有关的恶意活动
提供持续的隐私沟通，以提高隐私保护意识和理解，实现更好的个人信息保护	• 新闻简报 • 事件（如隐私交流会、竞赛、特邀演讲） • 海报 • 隐私小贴士/新闻播报/内联网站点上的爬虫消息 • 新闻资讯 • 知识库 • 社交媒体 • 电子邮箱 • 专用内联网站点 • 协作工具 • 供应商和行业顾问 • 隐私制裁和惩罚通告	• 按照法律规定来提供有关隐私保护要求的提示 • 维护整个企业的隐私意识 • 降低社会工程攻击（如网络钓鱼、身份盗用）的风险 • 更快地识别和应对隐私泄露 • 减少隐私相关错误 • 减少与个人信息有关的恶意活动

图 1.6 — 隐私培训和意识服务的特性

资料来源：ISACA，《实施隐私保护计划：配合使用 COBIT® 5 动力与 ISACA 隐私原则》，美国，2017 年

1.7.2 培训频次

在很多情况下，应提供隐私培训及隐私意识沟通和活动。企业应向新员工提供隐私培训，并定期（例如每年）及在发生重大事件或组织变更时向所有数据处理者（员工或特定的员工群体）提供隐私培训。

根据职责和相关的隐私风险按一定的频率开展培训和意识活动，包括为主要员工提供基于角色的培训、情境培训和专业认证。

隐私意识沟通应涵盖所有内部隐私政策、企业隐私告知、与数据主体的沟通及涉及个人信息或敏感信息的任何其他活动。

所有隐私培训事件和活动，以及所有隐私意识沟通和活动都应记录下来，以证明开展了尽职调查。所有圆满完成隐私培训的员工应予以跟踪并记录在册。根据企业的法律保留合规性要求，文件应保留适当的时间。

1.7.3 衡量培训和意识

隐私培训及隐私意识活动和事件应在以下方面进行衡量：教育效果、有效性，以及对接受培训并获得意识材料的人员的工作活动所产生的影响。

针对这些目标的一些示例指标包括：

- 隐私管理意识沟通材料的更新数量。
- 不同隐私培训项目的数量。
- 参加隐私培训的员工百分比。
- 员工通过既定水平测试的百分比。
- 纳入隐私管理目标的绩效计划的员工百分比。
- 针对意识沟通中的参与者提供答案的学员帖子数量。
- 在培训后进行的工作区域审计中观察到的遵守隐私政策的员工人数。
- 培训前后发生的隐私泄露次数的对比。

培训参与者和培训师的反馈可帮助企业确定培训和意识计划的有效性。

这些指标应当用于管理目的，并作为尽职调查的证据。隐私意识只能通过行为和行为结果来衡量。例如，如果产生隐私泄露和投诉，则可以对隐私意识进行评估。

1.8 供应商和第三方管理

使用供应商和第三方给企业带来了重大隐私风险。如果企业没有对供应商的数据保护和隐私实务进行适当的监督，一旦发生涉及企业数据和系统的安全事件和隐私泄露，就可能给企业带来灾难性的影响。

隐私和数据保护控制的强弱取决于最薄弱的环节，例如隐私实务不善的供应商。随着第三方的环境变得越来越复杂，以及对第三方服务的依赖性日益增加，因此，企业可能缺乏对供应商如何管理隐私和数据的监督。

1.8.1 法律要求

当企业访问签约的第三方和供应商的系统时，企业仍然对其数据的隐私和保护负责。哪怕是供应商的原因造成的隐私泄露，企业仍然会被追责并可能受到罚款和处罚。

一些企业认为，“免受损害”条款可以保护它们免于承担此类责任。然而，企业必须确保供应商履行与企业在其发布的隐私告知中做出的具有相同的法律承诺。

许多隐私法规和政府要求企业对供应商进行某种程度的监督。通常，企业必须遵守不止一项隐私法规和政府规定。全球有数百项法规都包含了一定程度的供应商监督要求。**图 1.7** 列出了其中一些法规。

法规或政府计划	第三方管理要求
欧盟 GDPR	第 28 条详细列出了对数据处理者（指第三方）的一系列要求。首要要求：“如果处理者将代表控制者处理数据，控制者应确保处理者能够充分保证实施恰当的技术和组织措施，以满足本法规要求的方式处理数据，并确保对数据主体权利的保护。”隐私工程师需要完整地阅读此部分和法规全文，了解针对第三方不同地方列出的各项要求，以确保隐私计划包括所有必要的流程、技术和控制
US HIPAA	HIPAA 使用“商业伙伴”指代签约的第三方，这些第三方参与执行的治疗、付款或运营活动需要访问相关实体的 PHI。商业伙伴必须遵守 HIPAA 所有安全规则要求、HITECH 法案泄漏响应要求及适用于该商业伙伴以支持签约的服务和产品的任何隐私规则要求。涵盖实体不仅必须与每个商业伙伴签订合同，而且还必须获得商业伙伴的合理保证，以确保他们遵守 HIPAA 关于保护所有适用信息的要求
US GLBA	金融机构必须与第三方签订合同协议，禁止能够访问消费者非公开个人信息 (Nonpublic Personal Information, NPPI) 的第三方披露 NPPI，或者将 NPPI 用于在正常业务过程中为机构提供服务或代表金融机构履行相关服务职能
美国家庭教育权和隐私权法案 (Family Educational Rights and Privacy Act, FERPA)	当向第三方提供商披露教育记录中的 PII 时，仍按 FERPA 的规定管理 PII 的使用，学校或学区对这些信息负有保护责任。提供商必须遵守使用其服务或产品的各学校或学区既定的透明度要求。学校或学区直接控制第三方提供商对委托给他们的 PII 的保护
美国 2002 年联邦信息安全管理法案 (Federal Information Security Management Act, FISMA)	FISMA 要求美国联邦政府机构根据 NIST SP 800-53《信息系统和组织的安全和隐私控制》第 3.20 节“供应链风险管理”来管理签约实体
美国国防部网络安全成熟度模型认证 (Cybersecurity Maturity Model Certification, CMMC) 计划	CMMC 的目的是改进并使美国国防部和军方的审查方式保持一致，同时监督承包商，以及提供评估和增强国防工业基地网络安全态势的要求。CMMC 旨在作为一种验证机制，以确保有适当水平的网络安全实践和程序来维护基本的网络卫生，并保护位于国防部行业合作伙伴（第三方）网络中的受控未分类的信息
《澳大利亚隐私原则》(Australian Privacy Principles, APP)	APP 第 6 条概述了 APP 相关实体何时可以使用或披露个人信息，通常只能出于收集信息时的目的（称为主要目的）使用或披露信息，或出于次要目的（如果适用例外）。在这类情况下，承包商必须根据第 11 章：“APP 11 — 个人信息的安全”来保护信息
香港《个人数据隐私条例》修正案	数据用户（数据控制者）需要有一份书面协议，其中包括遵守《个人数据隐私条例》修正案的要求及发生违规行为时提供相应的赔偿。数据用户应验证第三方对个人数据的预期用途是否和同意书一致

图 1.7 — 第三方管理要求示例

有关供应商监督的法律要求通常体现在：

- 企业通过诸如 PCI-DSS、HIPAA 或 ISO 27001 等标准与其他企业和客户签订的合同。
- 企业自己的网站中发布的隐私告知。

1.8.2 管理程序

“ISACA 隐私原则 11：第三方/供应商管理”为企业提供了关于如何管理供应商监督工作的指导。[36] 企业应通过数据控制者持续监督第三方对任何类型的个人信息或敏感信息的访问。为确保必要的隐私问题和活动得到解决和涵盖，隐私从业人员角色应基于供应商的服务或产品积极参与对供应商的整体监督，并管理和评估供应商合同。隐私从业人员应为涉及个人信息或可能以某种方式影响隐私的服务级别协议和其他要求提供指导。

隐私从业人员应确保与供应商的关系涵盖：[37]

- 通过合同、行政管理和审计措施来实施治理和风险管理流程，以确保将管理使用个人信息和敏感信息的适当保护措施转移给所有相关第三方，供其访问并进行适当的维护、处理和控制。
- 要求所有能够访问任何类型的个人信息和敏感信息访问权限的第三方采取各种行动，例如：
  - 及时向数据控制者报告个人信息泄露事件（如数据控制者向第三方定义的及任何适用的数据保护机构要求的）。
  - 将数据按照指定时间或根据具体情况进行保留。
  - 确保数据传输的安全。
  - 记录向其他国家/地区的数据传输。
  - 维护一份不允许向其传输数据的国家/地区的文档。

为确定企业是否进行了充分的供应商监督，隐私从业人员应回答以下问题：[38]

- 是否制定了程序，以确保签约实体拥有隐私管理计划且至少满足与其签约企业的要求和政策?
- 是否有流程用于建立和维护实时更新的清单，以记录所有第三方及其可以访问的个人信息类型?
- 与第三方的合同是否包含隐私和安全要求? 例如，要求第三方提供最近一次风险评估的记录，或者概述其向员工提供的培训等。

如果对上述任何一个问题的回答为“否”，则企业需要创建相关文档或实施相关实务。

隐私从业人员可帮助第三方或供应商管理团队实施以下程序，使企业能够全面了解其服务提供商：[39]

- **第 1 步：整理一份所有为企业提供服务的提供商清单**。如果企业与数十个或数百个第三方提供商合作，要整理一份完整的清单可能具有挑战性。企业应全面了解所有运营领域中的全部第三方提供商，包括规模较小的或者提供的服务或商品货币价值较低的，以及业务领域比较窄的提供商。在理想情况下，此信息应保存在一个单独的数据库中。
- **第 2 步：整理一份列出所有第三方提供的服务的清单**。此清单应包括企业从第三方获得的每项服务。为每项服务分配一个重要性等级，明确该服务对企业业务的重要程度。建议使用一个特定的数量级或一组质量描述信息来划分等级。通过为服务对业务的重要性进行评级，可以获得更精确的风险概况。服务的等级取决于企业定义的需求及其对企业的重要性。
- **第 3 步：将每项服务与其提供商关联**。这些关联使企业能够识别需要特别关注的提供商［例如，处理企业数据（包括个人数据）或托管企业 IT 系统的提供商］。一个提供商可以提供多项服务。有时在关联过程中可能发现某些供应商没有对应的服务，或者某些服务没有对应的供应商。
- **第 4 步：为每个提供商创建隐私风险概况**。企业应评估每个第三方的两个方面。隐私风险概况调查问卷（如果企业认为更有效，可将其与信息安全风险概况调查问卷结合）可支持此过程：
  - 第 1 个方面　第三方开展日常业务活动的方式所带来的潜在隐私风险。
  - 第 2 个方面　与第三方提供给企业的与服务有关的隐私风险。

1.9 审计流程

隐私审计、评估、测试与合规性审查用于确保企业的隐私政策、程序、实务、个人信息规则和标准符合内部和外部的法律、法规、指令及其他法律要求和隐私标准。隐私审计、评估等也可用于识别企业架构和信息架构由于未基于设计原则和未考虑支持隐私保护的因素从而造成的业务风险。

执行隐私审计可证明企业遵循了应有的谨慎标准，并且支持 ISACA 隐私原则 9：监控、衡量和报告。[40] 该原则建议企业应针对隐私管理计划和工具的有效性建立适当和一致的监控、衡量和报告。为了支持这项工作，企业应：

- 建立一个审计、衡量/评估和监控以下方面的框架：
  - 隐私管理计划的有效性。
  - 对相关政策、标准和法律要求的合规程度。
  - 隐私工具的使用和实施。
  - 隐私增强技术的进步。
  - 隐私法律法规的变更。
  - 发生的隐私泄露的类型和数量。
  - 数据控制者数字生态系统内的隐私风险领域。
  - 有权访问个人信息、敏感信息和相关风险级别的第三方。
- 向关键利益相关方报告对隐私政策、适用标准和法律的合规性。
- 将国际公认的隐私实务整合到企业的业务实务中，并在隐私审计期间进行检查，确保这些实务已得到适当的实施和一致的遵循。
- 针对内部或外部审计师在调查、监控、持续审计、分析等过程中对个人数据的使用建立相应的程序。
- 如果地方/国家法律不允许通过监控个人数据来预防欺诈/犯罪等，应对个人数据进行匿名处理；执行审计，确保在整个企业内有效且一致地应用匿名化流程。

隐私审计计划应涵盖需要解决的审计问题的广度和深度。隐私审计计划通常包括以下步骤。[41]

1. **确定审计主题：**首先应确定审计主题。隐私对企业而言意味着什么？如果有不同类别的数据用于不同的业务领域，则可能需要将它们记录为单独的审计范围项。从根本上说，在考虑隐私问题时，可以将数据分解为存储在客户和员工（个人权利）身上的数据。除数据库、文件和文档外，还应重点考虑数据的存储位置和来源。
2. **定义审计目标：**确立审计范围后，应确定审计目标。为什么要对该对象进行审计？从审计师的角度来看，建议采用基于风险的方法并定义目标。
3. **设定审计范围：**定义目标之后，审计师应通过范围界定流程来确定需要审计的实际数据。换句话说，审计的边界在哪里？它可能仅限于特定应用程序、流程、位置的数据或存储在某些设备中的数据。应采用基于风险的方法设定审计范围。
4. **执行审计前计划：**识别风险后，应对风险进行评估以确定其重要性。进行风险评估对于设定基于风险的审计的最终范围至关重要。风险的重要性越高，就越需要鉴证。**图 1.8** 列出了基于隐私原则的隐私风险考虑因素的示例。

5. **确定以收集数据为目的的审计程序和步骤：**在此审计流程阶段，审计团队应当拥有识别和选择审计方法或策略，以及开始制定审计程序所需的充足信息。获得这些信息后，审计团队应确定需要审查的文档和适用的法律法规，制定标准，并确定需要访谈的关键利益相关方。审计团队还应定义测试步骤。

隐私类别	风险示例
行为和行动的隐私	**社交媒体**包含体现个人活动、宗教信仰和偏好的信息、图像、视频和音频，其中许多信息在本质上是敏感信息，会影响数据主体
思想感情的隐私	**大数据分析**有可能获取大量数据，并根据特定个人提供的数据或他人提供的关于特定个人的数据了解其想法和感受。如果由于分析结果引发了行动，此类见解可能造成负面影响
位置和空间（区域）的隐私	用于业务活动的**私有计算设备**可能记录图像和音频。如果这些设备还被用于在工作场所中开展业务活动，此类图像和音频会带来隐私风险

图 1.8 — 隐私风险示例

资料来源：摘自 ISACA，《ISACA 隐私原则和计划管理指南》，美国，2016 年

采用审计计划可帮助隐私工程师确定面向企业服务和产品的工程计划中存在的缺陷，这些服务和产品涉及多种形式的个人信息并使用不同类型的技术。

1.10 隐私事件管理

许多法律、法规和行业标准要求企业在发现企业内部或第三方发生隐私泄露后遵守既定的隐私泄露响应规定。以下是几个关于隐私泄露通知的法律要求示例：

- 美国 50 个州及 4 个领地的数据泄露通知法。
- 欧盟 GDPR 数据泄露通知要求。
- HIPAA 和 HITECH 法案。
- 加拿大违反安全保障条例：SOR/2018-64。
- 美国证券交易委员会发布的《上市公司网络安全披露声明和指南》。
- 澳大利亚《2017 年隐私修正案（数据泄露通报制度）》。
- 2013 年颁布的南非《个人信息保护法》。
- 哥伦比亚 1581 号《数据泄露通知法》。
- 菲律宾的《2012 年数据隐私法案实施规定与条例》。
- 墨西哥《保护私人持有的个人数据的联邦法》。

隐私事件管理计划是企业隐私管理战略的必要部分，可确保企业一致且全面地应对涉及所有形式的个人信息及相关信息的所有事件类型，并履行企业所有的法律义务。

隐私事件响应团队 (Privacy Incident Response Team, PIRT) 应监督与隐私事件响应有关的所有组织组成部分。PIRT 还应监督任何涉及由企业直接收集、处理或维护，或者由承包商、第三方、供应商和其他类型的合约实体代表企业收集、处理或维护的个人信息的事件。应由经验丰富的隐私从业人员担任 PIRT 负责人，或者由隐私官担任 PIRT 顾问，以便在触发响应活动后积极参与和支持隐私事件管理。

PIRT 的任务是降低与个人信息丢失、遭到未经授权的访问或遭到滥用相关的风险，并监督响应工作，以尽可能高效、有效且快速的方式缓解隐私事件。

企业 PIRT 在保护企业的声誉和使命、建立和维护企业与其消费者、客户、患者、员工及享有企业投资利益的公众成员之间的信任方面起着至关重要的作用。

企业的所有组织都必须遵守企业的隐私政策和程序，包括隐私事件响应政策和程序。整个企业都必须履行其所有适用法律下的义务，包括现行的隐私泄露通知法律、法规和合同条款。隐私从业人员应确保企业人员了解隐私事件政策和程序。

导致丧失个人信息控制权的情景有很多，包括但不限于存储了个人信息的企业设备丢失或被盗、包含个人信息的文档丢失或被盗、人为错误或技术漏洞遭到利用。请参阅第 1.12 节“与隐私有关的威胁、攻击和漏洞”了解更多信息。

事件详细信息有多个来源，包括特定的员工、部门、第三方、系统监控软件、单独报告的丢失事件或投诉，等等。应向 CPO 或类似角色报告隐私事件。之后，CPO 应通知 PIRT 成员。

无论来源如何，PIRT 都应监督对任何事件的隐私事件响应，这些事件表明员工可能未适当保护和控制整个企业内维护的各种个人信息。PIRT 应与负责的部门协商，以:

- 确定并告知与事件相关的任何隐私风险。
- 指导和建议针对个人信息泄露的具体响应措施。
- 识别并解决潜在的法律和公共关系问题。
- 按要求通知内部和外部实体或管理通知工作，以确保根据适用的法律法规进行通告。

例如，有些数据泄露通知法要求发出数据泄露通知且“不得无故拖延”。有些法律要求在发现数据泄露后 72 小时内通知数据保护机构，例如欧盟 GDPR。美国许多数据泄露通知法规定了 30 ~ 60 天的通知期限。应咨询法律顾问，确定企业在发布所有数据泄露事件通知时应遵守的时间规定。

PIRT 的主要角色和职责是:

- 监督隐私事件管理活动，识别疑似或实际发生的个人信息泄露。
- 评估可能或确实违反 PII 的行为并确定应采取的行动。
- 为涉及个人信息的事件提供建议并批准事件响应活动。
- 评估责任企业的行动方案提议、风险评估、响应计划及提议的通知活动，提供反馈意见并提出改进建议。
- 根据 PIRT 记录的隐私事件响应程序，通知相关的组织内部领导层疑似或实际发生的泄露事件。
- 当发生涉及个人信息的事件时，确保企业的责任部门适当地向利益相关方报告、发出通知并采取跟进行动。

- 确保企业所有领域和层级都遵循既定和适用的数据泄露通知规定管理隐私事件。
- 与信息安全部门和其他组织的关键利益相关方（例如法务、公共关系和物理安全方面的利益相关方）紧密合作，协调隐私事件响应活动和数据收集工作。
- 确保与相关的外部实体（例如执法部门、相关的联邦机构和相关的数据保护机构）协调隐私事件。
- 与企业的信息安全事件团队协调事件响应能力，确保以有效和全面的方式管理事件的识别、上报、缓解和完结数据。
- 分析隐私事件数据，以识别趋势并提出关于加强个人信息保护的建议。
- 制定并维护标准操作程序，以有效管理潜在或疑似的隐私事件。

除管理事件响应工作外，PIRT 还应定期为 CPO 提供有关如何加强个人信息保护的建议，具体方法包括：分析隐私事件数据；制定加强保护的建议；审查和批准旨在降低事件再次发生的风险的事件响应计划；监控可能威胁到个人信息保护的环境威胁。

值得注意的是，隐私事件不同于安全事件。安全事件是指导致违反组织安全政策并使敏感数据面临暴露风险的事件。安全事件是一个较宽泛的术语，涵盖多种类型的事件。

隐私数据泄露事件是安全事件的一种。所有数据泄露都是安全事件，但并非所有安全事件都是数据泄露。安全事件可能涉及任何类型的数据，包括敏感的个人信息或不受监管但敏感的数据，例如知识产权。

C 部分：风险管理

解决隐私风险对全球所有类型的企业而言都很重要。隐私问题可能存在于整个数据生命周期及企业的所有领域和层级。这些问题及其重要性可能涉及的范围很广。有些可能是在某些方面涉及个人数据的设备所特有的问题，有些可能与收集个人数据的风险有关，有些可能涉及与其共享个人数据的第三方，其他可能的情况还有很多。

许多隐私问题不涉及法律法规的应用。企业必须了解内部可能存在的问题及延伸至合约第三方的问题。此外，还必须了解与这些问题有关的风险和最佳风险应对措施。为了使负责隐私和数据保护的角色能够以专业和有效的方式与关键利益相关方沟通风险，并告知企业的相关缓解措施，这种全面了解是有必要的。

企业必须了解个人（数据主体）由于其个人信息被用于业务活动而可能遭受的各种不利影响。隐私问题这一术语通常用于描述因个人信息处理导致的不良影响。其他类似的术语包括隐私危害、隐私违规、隐私侵害和隐私侵犯。

1.11 风险管理流程

一些基本组件对信息安全和隐私计划（包括相关的风险管理）至关重要。了解和理解这些原则的专业人员能够执行风险管理活动、评估和项目；预测并应对新的威胁，发现新的漏洞，并确保遵循有关数据保护和隐私的所有法律要求。这些基本组件包括：[42]

- 根据以下需求定义、识别并分类系统、应用程序和数据：
  - 机密性。
  - 完整性。
  - 可用性。
- 确定以下相关的法律要求：
  - 法律和法规。
  - 合同，包括数据处理协议。
  - 隐私和安全通告及其他具有法律约束力的声明。
- 识别风险并制订计划以持续应对风险：
  - 与网络安全人员合作执行风险评估和 PIA，结合安全风险评估流程解决隐私合规性和风险缓解的问题。
  - 分配缓解和补救工作的责任，同时识别流程改进机会。
- 确定缓解风险、提高缓解工作的有效性和促进持续改进 (Continual Improvement, CI) 的最佳方式，其中还包括：
  - 针对发现的风险建立 CAP。
  - 制订行动计划和相关的里程碑 (Plan of Action and Associated Milestones, POA&M)。

实施这些行动要求合理考虑并设计适合企业各个业务环境的安全、隐私和合规治理结构，以及建立完整的数据处理生态系统。

现有的标准化框架有助于管理风险，确保涵盖所有注意事项。框架的示例如下：

- COBIT 2019。
- NIST 风险管理框架。
- NIST 隐私框架。
- ISO 31000 — 风险管理。

必须记录和实施安全、隐私和合规性活动，同时考虑到相关业务组织结构的可持续性、角色职责和工作分配。这种方法有助于确保持续进行的连续监控和改进不仅支持组织当下的需求，还能支持组织未来的需求。

遵循与业务环境一致的可行、适用且适当的治理结构至关重要。POA&M 应考虑以下基本评估：

- 描述当前对发现的漏洞和系统问题的处置方式，包括企业针对这些问题的预期纠正措施。
- 设计有序的结构化方法来跟踪风险缓解活动。
- 确定为缓解风险需要完成的任务。
- 建立持续的监控活动，解决所有发现的漏洞和问题。

1.12 影响隐私的存在问题的数据操作

在执行隐私风险管理活动之前，务必了解隐私风险的两个主要组成部分：

1. 由于存在问题的数据操作而造成的导致隐私风险的威胁和漏洞。
2. 造成的影响。

在考虑隐私保护时，不仅应考虑对企业的影响，还应考虑对相关个人的影响。

存在问题的数据操作描述了对与数据关联的个人造成不利影响或问题的数据操作。“隐私风险”的含义与“威胁”和“攻击”类似，它们都是信息安全风险评估和管理方面的术语，但“隐私风险”仅适用于隐私领域。

1.12.1 漏洞

隐私相关漏洞的数量与日俱增。**图 1.9** 列出了其中一些常见的漏洞。

漏 洞	示 例
数据处理人员的人为错误	员工将患者记录放在卫生诊所服务台附近任何人都能看到的位置
缺乏职责分离	提交监视请求的人与批准监视请求的人是同一人
缺乏意识和培训	从未或很少（频率低于一年一次）提供隐私培训
应用程序内置的隐私控制不足	基于 Web 的应用程序没有使用安全协议对敏感的个人数据输入进行加密
系统内置的隐私控制不足	不需要密码就可以访问客户数据库
网络内置的隐私控制不足	允许通过统一资源定位符访问个人数据文件，而无须身份认证

图 1.9 — 隐私相关漏洞

漏 洞	示 例
设备内置的隐私控制不足	智能手机不要求输入密码
设备中存在已知的漏洞	软件中存在允许未经授权访问内存的漏洞，并且以明文形式存储用户 ID 和密码
未经授权对数字个人数据进行物理访问	在员工和公众可自由出入的房间里，将硬拷贝的贷款客户文件放在未上锁的文件柜中
未经授权对硬拷贝的个人数据进行物理访问	在未上锁的办公室里，将员工评估文件放在经理桌面上
不安全的硬拷贝处置方法	将硬拷贝的患者档案丢到任何人都可以接触到的垃圾箱中
不安全的数字数据处置方法	在没有先行粉碎或消磁的情况下，将包含业务和客户数据的通用串行总线驱动器丢到公共垃圾箱中
不安全的硬件处置方法	某信用社通过网上拍卖出售办公室台式计算机，但没有在出售前删除数据

图 1.9 — 隐私相关漏洞（续）

1.12.2 存在问题的数据操作

以下为可能发生存在问题的数据操作的一些常见威胁。

- **外部人员的恶意企图：**例如，黑客利用企业的防火墙漏洞获得人员记录的访问权限。
- **内部人员的恶意企图：**例如，有权访问所有患者信息的医疗服务提供者工作人员与外部人员共享患者信息，后者利用这些信息实施身份欺诈或其他犯罪，或者采取其他不利于相关患者的行动。
- **授权用户的错误和过失：**例如，某人力资源部员工原本想将所有员工的薪资和福利电子表格发送给一位获得授权的同事，用于执行工作任务，但不小心发送到一个外部电视台的电子邮件地址，因为这两个电子邮件地址是以相同的字符开头的。
- **高级持续性威胁 (Advanced Persistent Threats, APT)：**APT 通常指未获授权的来源使用各种工具进行的长时间连续攻击，以实现单个特定的恶意目标。例如，网络犯罪分子使用 APT 在员工访问网站时通过该网站获得企业网络的访问权限，然后在员工执行工作活动时窃取员工访问的个人数据。
- **恶意网站：**例如，创建一个看起来合法的银行网站，但实际上是一个克隆网站。它会收集网站访问者的 ID、密码和其他敏感的个人信息，从而使网络犯罪分子能够使用这些被盗的凭证访问合法的银行账户。
- **设备被盗：**例如，在机场候机楼，犯罪分子盗走放在候机区座位上无人看管的个人计算设备，而设备中包含了大量的个人数据。
- **隐私攻击：**可能使用的隐私攻击有很多种。请参阅“利用漏洞的方法”了解更多信息。
- **可链接性：**即使没有特定名称或唯一标识符，也可以从适用信息项中将特定的个人或一群人区别开来。
- **可识别性：**可链接性的子类型，是未经授权的实体根据情境识别特定个人或一群人的结果。例如，向学校某个班级的学生家长发送一条消息，描述涉及班上某位学生的事件。鉴于班级学生的人数，事件描述使学生的身份很容易被识别。
- **不可否认性：**未经授权的实体使用某些方法收集证据，以反驳拒绝履约方的要求，并证明目标方知情、做过某些事或说过某些话。不可否认性通常被认为有益于数据安全保护。但是，不可否认性可能被用于侵犯隐私。例如，在私人住宅中会面的人可能希望保密，不想让其他人知道。但未经授权的实体可能部署监视设备，例如无人机，以拍摄私人物业内的会面视频并与其他人共享，实现不可否认性，证明会面确实发生了。

- **可检测性：**威胁实施者无须访问就知道数据的存在。确定数据的存在足以推断出更多敏感信息。例如，通过检测到某位名人在康复机构中有病历档案，即使不访问实际记录，也可以推断出该名人有成瘾症。
- **信息泄露：**敏感信息被暴露给未经授权的个人。例如，员工在拥挤的公共餐厅里谈论某个特定客户的个人信息，周围的人都可以听到。
- **不了解内容：**提供信息的实体不了解正在披露哪些信息。例如，有人通过在线表格向银行提交了一条消息，并在表格里提供了超出支持该消息所需的更多信息。之后，支持信息传递服务的工作人员收到了该信息，而该工作人员本不该看到这类个人信息。
- **政策和同意不合规：**收集、共享、使用或保护个人信息的流程、系统、应用程序或网络违反了企业既定的隐私政策、发布的隐私告知或适用的法律要求。例如，一家企业发布的隐私告知指出，将对所有存储位置的个人数据进行加密，但企业防火墙后的服务器或合约实体的服务器存储没有对存储的个人数据进行加密。

利用漏洞的方法

有很多种方法可以利用漏洞，导致隐私泄露和其他类型的隐私危害。随着时间的推移，还出现了更多利用漏洞的方法。**图 1.10** 列出了一些常用的方法。

类 别	子类别	描 述
社会工程	网络钓鱼	网络钓鱼是一种电子邮件攻击，试图让用户相信发起人的真实性，但其真正企图是获取用于社会工程的信息
	语音网络钓鱼	语音网络钓鱼指通过传统电话、语音邮件或互联网语音协议/网络电话进行的诈骗
	鱼叉式网络钓鱼	鱼叉式网络钓鱼指攻击者使用社会工程技术冒充受信任方进行攻击，目的在于获取受害者的密码等重要信息
	网络捕鲸	网络捕鲸是一种针对企业高管的网络钓鱼
	网络交友诈骗	网络交友诈骗者在交友软件和社交媒体上创建虚假身份，哄骗目标与其建立虚假的线上关系。他们通常会迅速转移到个人沟通渠道，例如电话或电子邮件，利用目标的信任来获取金钱或个人信息，从而隐藏自己的犯罪活动
身份盗用		身份盗用指以涉嫌欺诈或欺骗的手段获取和使用他人的身份信息
身份欺诈		身份盗用和身份欺诈指的是以涉嫌欺诈或欺骗的手段获取和使用他人个人数据的犯罪行为，通常是为了经济利益
击键监控		击键监控指用于查看或记录计算机用户在交互式会话中的击键输入及计算机响应的过程。击键监控通常被认为是一种特殊的审计轨迹。它还被用于捕获受害者的用户 ID、密码及其他敏感信息和个人信息
身份欺骗	数字欺骗	数字消息看起来是收件人认识或可能认识的人发送的，但实际上来自网络骗子
	电话欺骗	使用本地区号让电话号码看起来像同一城镇或隔壁城镇的人拨打过来的
	实体邮件欺骗	邮政信件或包裹的寄件地点显示为政府机构或企业所在位置，但实际上是罪犯寄过来的

图 1.10 — 利用漏洞的方法

类别	子类别	描述
窃听		入侵者收集流经网络的信息，意图获取和发布用于个人分析的消息内容，或者为可能受其委托进行窃听的第三方获取和发布消息内容。考虑到其他计算机可实时看到在网络中传输的敏感信息（包括电子邮件、密码，有时还包括击键），这种攻击方式非常严重 窃听活动使入侵者可以进行未经授权的访问，冒用信用卡账户等信息并危及敏感信息的机密性，这会危害或损害个人或企业的声誉
勒索软件		勒索软件是一种恶意软件，旨在阻止受害者访问计算机系统或数据，直到其支付赎金。勒索软件通常在受害者被网络钓鱼电子邮件欺骗或在不知情的情况下访问受感染的网站时传播 勒索软件可以对个人或企业造成毁灭性的打击。任何将重要数据存储在计算机或网络中的人都面临此风险，包括政府或执法机关、医疗保健系统及其他关键基础设施实体。恢复可能非常困难，可能需要声誉良好的数据恢复专家提供服务。一些受害者会支付赎金来恢复文件，但即便满足了赎金要求，也无法保证可以恢复
数字身份欺骗		身份欺骗指冒用另一实体（人类或非人类）的身份，然后利用该身份来达成目的。威胁方可以撰写看似来自其他主体的消息，或者使用窃取/伪造的身份认证凭证 此外，威胁方可能拦截来自合法发件人的消息，使消息看起来像他们发送的，但不更改内容。这种攻击方式可用于劫持合法用户的凭证 身份欺骗攻击不仅限于传输的消息；与身份关联的任何资源（例如带签名的文件）都可能成为威胁方的目标，他们会试图改变明显的身份标识 这种类型的攻击与内容欺骗攻击不同，在内容欺骗攻击中，威胁方不会改变消息中的明显身份标识，而是更改消息的内容。在身份欺骗攻击中，威胁方试图改变内容的身份标识
利用设备中的已知漏洞		威胁方利用设备漏洞的描述来访问设备软件、数据、固件或其他组件
利用应用程序中的已知漏洞		威胁方利用应用程序漏洞的描述（例如跨站点脚本、结构化查询语言注入、命令注入、路径遍历和不安全的服务器配置等）获取网络、数据库和其他数字资产的访问权限
AI 对抗攻击和机器学习攻击		示例包括： ● 训练阶段攻击，威胁方试图获取或影响机器学习的训练数据或模型 ● 数据访问攻击，威胁方访问部分或全部训练数据并使用这些数据创建替代模型 ● 测试（推理）阶段攻击，威胁方测试是否有效替换了数据 ● 投毒，也称为诱发型攻击，涉及以间接或直接的方式更改数据或模型 威胁方可以篡改机器学习算法，改变机器学习过程并自行建模，从而破坏逻辑

图 1.10 — 利用漏洞的方法（续）

资料来源：出处：MITRE 公司，“Common Attack Pattern Enumeration and Classification”，https://capec.mitre.org/；美国联邦通信委员会，“Scam Glossary”，www.fcc.gov/scam-glossary；美国国家标准与技术研究院，“Computer Security Resource Center”，https://csrc.nist.gov/glossary；美国国家标准与技术研究院，“A Taxonomy and Terminology of Adversarial Machine Learning”，美国，2019 年；美国网络安全与基础设施安全局，“Ransomware”，https://us-cert.cisa.gov/Ransomware；以及美国政府问责局，“Cybercrime: Public and Private Entities Face Challenges in Addressing Cyber Threats”，美国，2007 年

1.12.3 隐私危害和问题

NIST 隐私风险评估方法[43] 提供了一份有用的目录，列出了个人在数据处理或与系统、产品或服务的交互中可能遇到的一系列问题或危害（说明性，非详尽列表），以及未经授权使用个人数据造成的危害。

常见隐私危害的示例

图 1.11 列出了常见的隐私危害。

隐私危害	描 述
尊严丧失	可能导致尴尬和感情困扰。例如，将受害者被暴力对待的场面发布到网上并公开时，其幸存的亲属可能深陷痛苦，无法自拔
歧视	数据的处理可能导致个人或群体受到不公平或不道德的区别对待。这包括污名化和权力失衡
经济损失	身份盗用可能造成直接财务损失或无法在交易中获得公平价值
失去自决权	个人可能失去自主权利或自由选择的能力。这包括丧失自主权、被排除和失去自由 • **丧失自主权：**失去对信息处理或与系统/产品/服务的交互的控制，以及不必要的日常行为改变，包括对表达或公民参与的自我限制 • **被排除：**未能向个人提供有关其个人数据记录的通知和信息输入，例如，企业在客户不知情或未同意的情况下将其通话记录出售给营销机构 • **失去自由：**由于数据不完整或不准确而遭到不当的逮捕或拘留；由于不当地暴露或使用信息而导致滥用政府权力
人身伤害	可能造成人身伤害或死亡，例如，一名跟踪狂对目标受害者的汽车定位跟踪器的身份认证信息进行社会工程攻击，再利用这些信息定位和袭击受害者
失去信任	违反有关数据处理的明示或暗示的期望或协议可能打击士气或使个人不愿进一步交易，从而可能造成更大的经济或社会后果

图 1.11 — 常见隐私危害示例

与数据处理有关的存在问题的数据操作示例

NIST 隐私风险评估方法[44] 提供了一份有用的目录，列出了个人因数据处理或与系统、产品或服务的交互可能遇到的一系列存在问题的数据操作（说明性，非详尽列表）。

图 1.12 列出了一些常见的存在问题的数据操作。

存在问题的数据操作	描 述
盗用	数据的使用方式超出了个人的预期或授权（明示或暗示）。盗用包括以下情形：如果数据的使用为其提供了更完整的信息或谈判能力，个人可能期望从中获得更多价值 盗用可能导致的隐私问题包括失去信任、丧失自主权和经济损失
失真	使用或传达的数据不准确、有误导性或不完整。失真可能以不准确、贬损或贬低的方式展示用户形象，导致用户被污名化、歧视或失去自由
诱导泄露	诱导泄露指个人感觉被迫提供了与交易目的或结果不相称的信息 诱导泄露可能包括利用对必要服务或认为必要的服务的访问或权利。诱导泄露可能导致歧视、失去信任或丧失自主权等问题

图 1.12 — 与数据处理有关的存在问题的数据操作

存在问题的数据操作	描 述
不安全	数据安全性下降可能导致各种问题，包括失去信任、丧失尊严、经济损失及其他与身份盗用有关的危害
重新识别	去身份识别的数据或与特定个人断开关联的数据再次变得可识别或能够与特定个人关联。这可能导致歧视、失去信任或丧失自主权等问题
污名化	数据与实际身份的关联造成污名，可能导致丧失尊严或遭到歧视 例如，交易或行为数据（例如使用食品券或失业津贴等福利）、地点（例如造访医疗服务提供者等）可用于推断个人身份，有可能造成丧失尊严或遭到歧视
监视	数据、设备或个人遭到与目的不相称的跟踪或监测 良性行为与存在问题的数据操作之间的差异可能很小。跟踪或监测可能是出于运营目的，例如网络安全或提供更好的服务，但当它导致歧视、失去信任、丧失自主权、失去自由或人身伤害等问题时，可能变成监视
意外揭露	数据以意想不到的方式揭示或暴露个人或个人的某些方面。大规模或多种数据集的聚合和分析可能造成意外揭露。意外揭露可能导致丧失尊严、遭到歧视、失去信任或丧失自主权
无理限制	无理限制包括阻止对数据或服务的访问，以及以不符合运营目的的方式限制对数据存在性或使用情况的了解。运营目的包括欺诈检测或其他合规性流程 如果个人不知道实体拥有哪些或可以使用哪些数据，就没有机会参与决策 无理限制会削弱关于实体是否恰当处理数据或以公平公正的方式使用数据的问责。缺少数据或服务的访问权可能造成失去自决权、失去信任和经济损失等问题

图 1.12 — 与数据处理有关的存在问题的数据操作（续）

1.13 隐私影响评估

PIA 是关于如何在指定的考虑范围内收集、使用、共享和维护个人信息的分析。PIA 是识别和缓解隐私风险（包括机密性风险）的结构化流程。PIA 用于已定义的信息系统中。这些已定义的信息系统的范围可能涵盖多个物理流程、管理流程、技术流程或这三种流程中的一种或多种流程的组合。

识别风险之后，PIA 的下一步是提供分析，以帮助做出明智的决策、确定需求，以及提出有关如何缓解风险或以其他方式应对风险的建议。

概括而言，PIA 有四个总体目标：

1. 确保遵守适用的隐私法律、法规、合同和政策要求。
2. 确定威胁、脆弱性、影响（危害和问题）及造成的风险。
3. 评估旨在缓解已识别的隐私风险的保护措施和备用流程。
4. 为实施缓解流程和相关的隐私实务制定优先级流程。

应使用通常由按政府要求、行业标准或法规建立的方法来执行 PIA。使用一种方法来确保 PIA 流程是可重复的，并且能够在不同的 PIA 项目中得到一致执行。在选择特定的 PIA 流程之前，隐私工程师和隐私从业人员应确认监管机构是否发布了适用于 PIA 范围的特定指南。如果企业在多个司法管辖区运营，对隐私工程师和其他从业人员来说，最有效的方式通常是结合 PIA 方法并采用最严格的方法，以避免重复的重新评估工作。其他明确定义的 PIA 类型包括隐私风险评估[45] 和 DPIA。

隐私从业人员通常领导 PIA 项目，但是并不亲自执行。典型的 PIA 团队包括：

- 隐私从业人员。
- 信息安全从业人员。
- IT 部门联系人。
- 执行 PIA 的业务部门的代表。
- 第三方代表（如果其企业在 PIA 范围内）。
- 法务部联系人。
- 人力资源部门联系人（如果在 PIA 范围内）。
- 物理安全部门从业人员（如果在 PIA 范围内）。
- 公共关系部门联系人（如果在 PIA 范围内）。
- 市场营销和销售部门联系人（如果在 PIA 范围内）。

每当发生可能涉及新的数据用途的变更或个人数据处理方式发生重大变更（例如，重新设计现有流程或服务，或者引入新流程或信息资产）时，都应执行 PIA。[46] 以下是应触发 PIA 的事件类型：

- 系统转换。
- 系统管理的重大变更。
- 合并。
- 新的公司间数据流或收集流程。
- 企业数字生态系统中的新技术（例如 IoT 设备、监视系统）。
- 隐私泄露。
- 为隐私认证审计做准备。
- 实施新型数据处理技术，例如 AI、区块链、RPA 和 IoT 设备及相关系统。

1.13.1 已建立的 PIA 方法

过去 20 年发布和使用了多种 PIA 方法。本节提供了一些示例，以展示 PIA 如何通过不同的方法达到相似的目标。

美国政府 PIA

《2002 年电子政务法》第 208 节[47] 要求各联邦机构：

- 执行 PIA。
- 确保首席信息官 (Chief Information Officer, CIO) 或同级高管按机构负责人的决定对 PIA 进行审查。
- CIO 完成审查后，在机构网站或《联邦公报》中公布 PIA，或者以其他可行的方式公开。

根据电子政务法，每个联邦机构必须确保 PIA 与接受评估的信息系统的规模、系统中可识别信息的敏感度及未经授权发布这些信息造成损害的风险相称。

电子政务法[48] 还要求每个 PIA 包含和记录：

- 将收集哪些信息。
- 为什么收集这些信息。
- 机构对这些信息的预期用途。
- 将与谁共享这些信息。
- 关于所收集的信息及该信息的共享方式，将向个人提供哪些通知或获得同意的机会。
- 将如何保护这些信息。
- 是否将根据隐私权法案创建记录系统。

管理预算办公室 (Office of Management Budget, OMB) 提供了关于执行 PIA 的具体要求，[49] 包括以下高层次要求。

- 各个联邦机构在开展以下活动之前必须执行 PIA：
    - 开发或采购 IT 系统或项目，用于向公众收集信息或收集有关公众的信息，以及维护或传播可识别的信息。
    - 根据《减少文书工作法》，启动一个向 10 个或以上的个人（不包括地区政府、机构或联邦政府雇员）收集可识别信息的新电子信息收集系统。
- 如果系统变更带来新的隐私风险，必须执行 PIA 并进行必要的更新。

除法律要求的活动外，电子政务法还授权 OMB 负责人要求各机构对现有的电子信息系统进行 PIA，或者在该负责人认为适当的情况下，对持续收集可识别信息的行为进行 PIA。

美国联邦人事管理局 (Office of Personnel Management, OPM) 还在《隐私影响评估指南》中提供了一种 PIA 方法，[50] 以支持电子政务法的 PIA 要求。

NIST 隐私框架[51] 是支持 PIA 的一种有用工具。

加拿大政府 PIA

加拿大隐私专员办公室 (Office of the Privacy Commissioner, OPC) 为 PIA 的执行提供了大量指导和工具。《期望：OPC 隐私影响评估流程指导》(Expectations: OPC's Guide to the Privacy Impact Assessment Process) 将 PIA 描述为“一种风险管理流程，可帮助机构确保其满足法律要求，并确定其计划和活动将对个人隐私造成的影响”。[52]

OPC 指出，计划应采用良好实践，以最大限度地减少对个人隐私的负面影响。它还指出，PIA 可能无法完全消除风险，但有助于识别和管理风险。

根据 OPC，PIA：

- 不是流于表面的法律检查清单。
- 不是一次性的活动。
- 不是仅显示项目效益的营销工具。
- 不构成已确定的政策或已实施的实务的理由。
- 不需要超出必要的时间、复杂性和资源密集度。

在以下情况下必须执行 PIA:

- 个人信息可能被用于直接影响个人的决策流程。
- 可能将个人信息用于管理目的（被用于直接影响个人的决策流程）的现有计划或活动发生重大变更。
- 将计划或活动外包或转移到另一级政府或私有部门，导致现有的计划或活动发生重大变更。

加拿大隐私专员办公室在其网站上提供的工具和材料旨在支持加拿大关于执行 PIA 的法律要求，但这些工具和信息对其他国家/地区的企业制定自己的 PIA 方法也很有帮助。

新加坡政府 DPIA

新加坡个人数据保护委员会 (Personal Data Protection Commission Singapore, PDPC) 提供了一份 DPIA 执行指南。[53]

PDPC DPIA 方法适用于系统（例如，面向公众的网站、云存储平台、客户关系管理系统）和流程（例如，进行健康检查并接收医疗报告、通过在线门户网站购买商品并从快递公司接收商品）。执行 DPIA 的关键任务包括:

- 确定由系统或流程处理的个人数据，以及收集个人数据的原因。
- 确定个人数据在系统或流程中的流动情况。
- 根据 PDPC 要求或数据保护最佳实践分析已处理的个人数据及其数据流，从而确定数据保护风险。
- 通过修改系统或流程的设计或引入新的企业政策来解决已识别的风险。
- 在系统或流程生效或得到实施之前进行检查，确保已识别的风险得到适当处理。

关于何时需要执行 DPIA 的具体示例包括:

- 创建涉及个人数据处理的新系统（例如，收集个人数据的新网站）。
- 创建涉及个人数据处理的新的自动或手动流程（例如，接待员向访客收集个人数据）。
- 更改现有系统或流程处理个人数据的方式（例如，重新设计客户注册流程）。
- 影响到个人数据处理部门的企业结构变更（例如，兼并与收购、重组）。

菲律宾政府 PIA

菲律宾政府提供了[54] PIA 执行指南。该指南强调，PIA 是一个过程，应尽可能在项目的最早阶段开始，以影响其结果，确保实现隐私设计。这个过程一直持续到项目部署完成，甚至延伸到部署之后。该指南包括以下内容:

- 项目/系统描述。
- 阈值分析。
- 利益相关方参与。
- 个人数据流。
- 隐私影响分析。
- 隐私风险管理。
- 建议的隐私解决方案。

英国政府 DPIA

英国信息专员办公室 (Information Commissioner's Office, ICO) 发布了有关如何执行 DPIA 的指南。[55] 除提供 DPIA 模板范例之外，它还提供了一种机制，用于向 ICO 咨询有关 DPIA 执行的问题。

英国 DPIA 的一些重要合规性要求包括：

- 描述处理的性质、范围、上下文和目的。
- 评估必要性、合理性和合规性措施。
- 识别和评估对个人的风险。
- 确定缓解这些风险的其他措施。

该指南强调，要充分评估隐私风险水平，实体必须考虑到对个人造成影响的可能性和严重性。例如，该指南指出，某些可能性较高的危害和可能性较低的严重危害，都可能构成高风险。

1.13.2 NIST 隐私风险评估方法

NIST 隐私风险评估方法 (Privacy Risk Assessment Methodology, PRAM) 是一种工具，采用来自 NISTIR 8062 的风险模型，[56] 帮助企业分析、评估隐私风险并排定优先顺序，以确定应对措施并选择适当的解决方案。PRAM 有助于推动企业各部门（包括隐私、网络安全、业务和 IT 人员）之间的协作和沟通。

与信息安全风险评估不同，PRAM 考虑的是对个人信息的授权和未授权处理会给相关个人（数据主体）造成哪些问题。PRAM 考虑的隐私风险因素包括：

- **可能性：**关于数据操作可能给有代表性的群体造成问题的上下文分析。
- **存在问题的数据操作：**请参阅第 1.12.3 节“隐私危害和问题”以了解更多信息。
- **影响：**对一旦发生问题可能造成的成本的分析。

进行隐私风险评估有助于企业识别所考虑范围内的系统、产品或服务带来的隐私风险并排定优先顺序，以做出明智的决策来应对已识别的风险。确定需要缓解的风险之后，企业可完善隐私要求，然后选择并实施控制（例如技术能力、政策和程序保护措施），以满足确定的要求。

企业可选择各种来源的控制，例如《NIST SP 800-53：信息系统和组织的安全和隐私控制》。实施控制后，企业应反复评估控制在满足隐私要求和管理隐私风险方面的有效性。通过这种方式，企业可建立控制与隐私要求之间的可追溯性，并展现企业的系统、产品和服务与其组织隐私目标之间的责任关系。

隐私风险管理并非一个静态过程。企业的隐私工程师和其他支持隐私保护的从业人员应监控业务环境的变化及其系统、产品和服务的相应变更对隐私风险的影响，然后重复执行实务（例如 NIST 隐私框架中描述的实务）以进行相应的调整。

PRAM 提供的用于支持隐私风险评估执行的工具包括：

- 工作表 1：设定业务目标和组织隐私治理。
- 工作表 2：评估系统设计，支持数据映射。
- 工作表 3：确定风险的优先级。

- 工作表 4：选择控制。
- 存在问题的数据操作和问题的目录。

1.13.3 欧盟 GDPR DPIA 方法

欧盟 GDPR[57] 要求在 11 种情况下执行 DPIA：

1. 如果发生安全事件，正在处理中的个人数据可能给数据主体带来高风险。
2. 处理旧的数据集或个人数据。
3. 首次完成涉及个人数据的任何新业务流程之前。
4. 涉及个人数据的业务流程过去从未实施过 DPIA。
5. 个人数据（包括 IP 地址）被用于针对数据主体的决策分析（用户画像）。
6. 对公共区域进行大规模的监控。
7. 对敏感数据、犯罪数据或国家安全数据（不包括来自患者或客户的个人数据）进行大规模处理。
8. 业务流程采用了新技术。
9. 业务流程涉及自动化决策，即“在没有人工参与的情况下通过技术手段做出决策的能力”。
10. 处理个人数据时涉及对个人数据的系统化处理。
11. 处理操作所代表的风险发生变化。

根据 GDPR，如果处理的个人数据仅涉及个别医生、其他医护专业人员或律师从患者或客户方获得的个人数据时，不强制要求执行 DPIA。但在某些司法管辖区，这是强制性要求。法律顾问应提供关于哪些要求适用于企业的建议。

GDPR 要求 DPIA 至少包含以下信息：

- 对设想的处理操作和处理目的的系统性描述，包括控制者追求的合法权益（如适用）。
- 评估处理操作相较于目的的必要性和相称性 —— 对条例中提到的数据主体的权利和自由进行风险评估，并评估设想的风险缓解措施（包括保护措施、安全措施和机制），以确保对个人数据的保护，并证明符合本法规关于数据主体和其他相关人员的权利和合法权益的要求。

GDPR 第 36 条描述了企业（数据控制者）必须咨询相关监管机构的情况。

---

1 ISACA，《ISACA 隐私原则和计划管理指南》，美国，2016 年
2 网站 CourtListener，*Roberson v. Rochester Folding Box Co.*，64 N.E. 442 (N.Y. 1902)，www.courtlistener.com/opinion/3641834/roberson-v-rochester-folding-box-co/
3 *同上*。
4 网站 GDPRHub，“Rb.Gelderland - C/05/368427”，2020 年 5 月 23 日，https://gdprhub.eu/index.php?title=Rb._Gelderland_-_C/05/368427
5 欧盟会和欧盟理事会，《一般数据保护条例》，2016 年 4 月 27 日，https://eur-lex.europa.eu/legal-content/EN/TXT/HTML/?uri=CELEX:32016R0679&qid=1499881815698&from=EN
6 美国卫生和公众服务部，“Rite Aid Agrees to Pay $1 Million to Settle HIPAA Privacy Case”，2017 年 6 月 7 日，www.hhs.gov/hipaa/for-professionals/compliance-enforcement/examples/rite-aid/index.html
7 美国数字广告联盟 (DAA)，“DAA Self-Regulatory Principles”，https://digitaladvertisingalliance.org/principles
8 *Op cit* ISACA，2016 年
9 北美能源标准委员会 (NAESB)，“The NAESB Energy Provider Interface Model Business Practices Information Page”，www.naesb.org/ESPI_Standards.asp
10 美国农业局联合会，《农场数据的隐私和保护原则》，www.fb.org/issues/innovation/data-privacy/privacy-and-security-principles-for-farm-data

[11] 欧洲委员会，“European Framework for Safer Mobile Use by Younger Teenagers and Children”，https://ec.europa.eu/digital-single-market/en/european-framework-safer-mobile-use-younger-teenagers-and-children
[12] 资讯通信媒体发展局，“APEC Privacy Recognition for Processors (PRP) Certification”，www.imda.gov.sg/programme-listing/Privacy-Recognition-for-Processors-Certification
[13] 生物伦理咨询委员会，*Ethics Guidelines for Biomedical Research*，新加坡，2015 年 6 月，www.bioethics-singapore.gov.sg/files/publications/reports/ethics-guidelines-for-human-biomedical-research-report-only.pdf
[14] *Op cit* ISACA，2016 年
[15] HHS.gov，“Informed Consent FAQs”，www.hhs.gov/ohrp/regulations-and-policy/guidance/faq/informed-consent/index.html
[16] *Op cit* ISACA，2016 年
[17] Herold, Rebecca；《信息安全及隐私意识培训计划的管理》（第 2 版），CDC Press，美国，2010 年
[18] *Op cit* 欧洲议会
[19] HHS.gov，“Enforcement Highlights,”，www.hhs.gov/hipaa/for-professionals/compliance-enforcement/data/enforcement-highlights/index.html
[20] *Op cit* 欧洲议会
[21] 美国司法部，“Privacy Act of 1974”，www.justice.gov/opcl/privacy-act-1974
[22] *Op cit* Herold
[23] *Op cit* ISACA，2016 年
[24] *Op cit* 欧洲议会
[25] *Op cit* ISACA，2016 年
[26] *Op cit* 欧洲议会
[27] 美国卫生和公众服务部，*HIPAA Administrative Simplification Regulation Text*，2013 年 3 月 26 日，www.hhs.gov/sites/default/files/ocr/privacy/hipaa/administrative/combined/hipaa-simplification-201303.pdf
[28] 美国国家标准与技术研究院，《NIST 隐私框架：通过企业风险管理改善隐私保护的工具》，美国，2020 年，https://nvlpubs.nist.gov/nistpubs/CSWP/NIST.CSWP.01162020.pdf
[29] *同上*。
[30] *Op cit* ISACA，2016 年
[31] *同上*。
[32] *Op cit* Herold
[33] *同上*。
[34] *同上*。
[35] ISACA，《实施隐私保护计划：配合使用 COBIT® 5 动力与 ISACA 隐私原则》，美国，2017 年
[36] *Op cit* ISACA，2016 年
[37] *同上*。
[38] *同上*。
[39] Anisimowicz, J.；“Ensuring Vendor Compliance and Third-Party Risk Mitigation”，*ISACA 期刊*，第 5 卷，2019 年 10 月 23 日
[40] *Op cit* ISACA，2016 年
[41] Cooke, I.；“IS Audit Basics: Auditing Data Privacy”，*ISACA 期刊*，第 3 卷，2018 年 5 月 1 日
[42] ISACA，《云端的持续展望：如何提升云的安全、隐私及合规》，美国，2019 年。
[43] 美国国家标准 与 技术研究院，*NIST 隐私风险评估方法*，美国，2019 年，www.nist.gov/itl/applied-cybersecurity/privacy-engineering/resources
[44] *同上*。
[45] 美国国家标准与技术研究院，“Risk Assessment Tools”，2018 年 10 月 28 日，www.nist.gov/itl/applied-cybersecurity/privacy-engineering/collaboration-space/focus-areas/risk-assessment/tools
[46] *Op cit* ISACA，2016 年
[47] Govinfo，“Public Law 107 - 347 - E-Government Act of 2002”，www.govinfo.gov/app/details/PLAW-107publ347
[48] 美国管理和预算办公室，OMB 备忘录 *M-03-22*，《2002 年电子政务法隐私条款实施指南》，美国，2003 年，https://www.justice.gov/opcl/page/file/1131721/download
[49] *同上*。
[50] 美国联邦人事管理局，“Privacy Impact Assessment (PIA) Guide”，2010 年 4 月 22 日，www.opm.gov/information-management/privacy-policy/privacy-references/piaguide.pdf
[51] *Op cit* NIST 隐私框架，2020 年
[52] 加拿大隐私专员办公室，“Expectations: OPC’s Guide to the Privacy Impact Assessment Process”，2020 年 3 月 3 日，www.priv.gc.ca/en/privacy-topics/privacy-impact-assessments/gd_exp_202003/
[53] 新加坡个人数据保护 委员会，“Guide to Data Protection Impact Assessments”，2017 年 11 月 1 日，www.pdpc.gov.sg/-/media/Files/PDPC/PDF-Files/Other-Guides/guide-to-dpias—-011117.pdf
[54] 国家隐私委员会，*NPC Privacy Toolkit: A Guide for Management & Data Protection Officers*，新加坡，2018 年
[55] 信息专员办公室，“Data protection impact assessments”，https://ico.org.uk/for-organisations/guide-to-data-protection/guide-to-the-general-data-protection-regulation-gdpr/accountability-and-governance/data-protection-impact-assessments/
[56] 美国国家标准与技术研究院，《NISTIR 8062：在联邦系统中实施隐私工程和风险管理的介绍》，美国，2017 年，https://nvlpubs.nist.gov/nistpubs/ir/2017/NIST.IR.8062.pdf
[57] *Op cit* 欧洲议会

第 2 章

隐私架构

概述

A 部分：基础设施

B 部分：应用程序和软件

C 部分：技术隐私控制

概述

随着数据隐私逐渐成为全球关键的立法焦点，系统架构正从以数据保护为中心的架构演变为涵盖以下领域的更广泛的基础设施架构：

- 数据保护。
- 数据管理。
- 数据隐私。

至关重要的一点是，必须对提供数据的系统进行保护，而且必须按照政策和程序或法律要求对数据进行分类、保护和使用。

此领域的目标是确保隐私工程师了解系统、技术、协议和数据保护方法与数据隐私架构的历史关系，并了解在做出有关技术、基础设施、数据保护、风险管理和信息安全的决策时需要考虑的因素。

领域 2 在考试中所占比重为 36%（约 43 个问题）。

领域 2：考试内容大纲

A 部分：基础设施

1. 技术栈
2. 基于云的服务
3. 终端
4. 远程访问
5. 系统加固

B 部分：应用程序和软件

1. 安全开发生命周期
2. 应用程序和软件加固
3. API 和服务
4. 跟踪技术

C 部分：技术隐私控制

1. 通信和传输协议
2. 加密、哈希运算和去身份识别
3. 密钥管理
4. 监控和日志记录
5. 身份和访问管理

学习目标/任务说明

在此领域中，数据隐私从业人员应当能够：

- 识别组织隐私计划和实务的内外部要求。
- 协调并执行隐私影响评估和其他聚焦于隐私的评估。
- 参与制定符合隐私政策和业务需求的程序。
- 实施符合隐私政策的程序。
- 参与合同、服务水平协议及供应商和其他外部相关方的实务的管理和评估。
- 与其他从业人员合作，确保在设计、开发和实施系统、应用程序及基础设施期间遵循隐私计划和实务。
- 评估企业架构和信息架构以确保其支持隐私设计原则和相关考虑因素。
- 评估隐私增强技术的发展及监管环境的变化。
- 根据数据分类程序识别、验证和实施适当的隐私与安全控制。
- 设计、实施和监控流程和程序，以维护最新的清单和数据流记录。

深造学习参考资料

Breaux, Travis；*An Introduction to Privacy for Technology Professionals*，隐私权专家国际协会，美国，2014 年

云安全联盟，《CSA 云计算关键领域安全指南》（第 4 版），美国，2017 年

云安全联盟，“云安全服务高效管理指南”，2018 年，www.csaapac.org/cssm.html

国际标准化组织，《ISO/IEC/IEEE 15288:2015: 系统与软件工程 —— 系统生命周期过程》，瑞士，2015 年

ISACA，《网络安全基础知识学习指南》（第 2 版），美国，2017 年

ISACA，《ISACA 隐私原则和计划管理指南》，美国，2016 年

美国国家标准与技术研究院，《NIST 特别出版物 SP 800-145：NIST云计算定义》，美国，2011 年

美国国家标准与技术研究院，《NISTIR 8062：在联邦系统中实施隐私工程和风险管理的介绍》，美国，2017 年

Shaw, Thomas J；《DPO 手册：GDPR 之下的数据保护官》（第 2 版）美国，2018 年

自我评估问题

CDPSE 自我评估问题与本手册中的内容相辅相成，有助于考生了解考试中的常见题型和题目结构。考生通常需从所提供的多个选项中，选出**最**有可能或**最合适**的答案。请注意，这些问题并非真实或过往的考题。有关练习题的更多指导，请参阅“关于本手册”部分。

1. 以下哪一项**最**准确地描述了云计算相较于本地部署基础设施的优势？
   A. 更好地控制系统
   B. 减少停机时间
   C. 增加可扩展性
   D. 提高安全性

2. 一家组织提出要建立无线局域网 (Wireless Local Area Network, WLAN)。关于 WLAN 的安全控制，以下哪项是**最适合**的建议？
   A. 保证无线接入点的物理安全，以防篡改
   B. 使用能明确识别组织的服务集标识符
   C. 使用有线等效加密机制加密流量
   D. 实施简单网络管理协议以便主动监控

3. 以下哪一项能**最**有效地提供信息完整性、发送者身份认证和不可否认性？
   A. 对称加密
   B. 消息哈希
   C. 消息验证码
   D. 公钥基础设施

答案见第 74 页

第 2 章答案

自我评估问题

1. A. 自主管理或本地部署的基础设施使企业能够更好地控制自己的系统，而无须依赖第三方进行管理。
   B. 与云计算基础设施相比，自主管理型基础设施可以减少延迟时间。
   C. 与需要投入大量前期成本的自主管理系统相比，云计算基础设施通常提供按用量付费的服务模式。
   D. 考虑到在设计和搭建基础设施时 IT 和 DevOps 团队的控制权，通常情况下自主管理型基础设施被认为比基于云的基础设施更安全。

2. **A. 保证接入点（如无线路由器）的物理安全能够防止盗窃，降低恶意人员篡改设备设置的风险。如果可以在物理上接触到接入点，那么要恢复缺省弱密码和密钥，或是从网络完全取消身份验证和加密机制往往很容易。**
   B. 不应使用服务集标识符来标识组织，因为黑客会将无线局域网与已知组织关联起来，这会增加他们的攻击动机，并可能提供用于攻击的信息。
   C. 原始的 WEP (Wired Equivalent Privacy) 加密安全机制已被证明有大量可被利用的弱点。最近开发的 Wi-Fi 网络安全存取协议和 Wi-Fi 网络安全存取协议 2 标准代表了更加安全的身份认证和加密方式。
   D. 在无线接入点安装简单网络管理协议 (Simple Network Management Protocol, SNMP) 实际上会增加安全漏洞。如果确实需要 SNMP，则应部署有更强身份认证的 SNMP V3，而不是之前的版本。

3. A. 对称加密可提供机密性。
   B. 哈希算法可提供完整性和机密性。
   C. 消息验证码可提供完整性。
   D. 公钥基础设施 (Public Key Infrastructure, PKI) 将公钥加密和受信任的第三方结合在一起来发布和撤销包含发送者公钥的数字证书。发送者可使用其私钥对信息进行数字签名，并附加其数字证书（由可信任的第三方提供）。发送者无法否认他们是消息的作者，因此 PKI 确保了不可否认性。这些能力可同时提供身份认证、完整性验证和不可否认性。

A 部分：基础设施

信息和计算系统基础设施是基本的（物理和虚拟）技术组件，用于收集、处理、存储、沟通和分发数据。任何系统基础设施的规模和复杂性都与其功能、所处理的数据及其处理数据的方式有关。基础设施可以是集中式的，也可以是分散式的（例如，数据中心、主机托管、云或虚拟实例）。

图 2.1 概述了计算基础设施的核心组件。

核心组件	描 述
硬件	IT 基础设施中的物理机器或设备，包含了支持基础设施基本运行的所有必要元素，包括： • 计算机 • 服务器 • 存储 • 交换机 • 集线器 • 路由器 • 电源适配器 • 冷却系统 • 电缆
软件	软件指企业用于内部业务运营的应用程序及面向外部的应用程序和服务，包括： • 操作系统 • Web 服务器 • 企业资源规划 • 客户关系管理 • 数据库系统 • 办公生产力应用程序 • 财务应用程序 • 人力资源应用程序 • 在硬件上运行的商业应用程序或服务
网络	网络基础设施指与网络中所有设备进行内部和外部通信所必需的硬件和软件，包括： • 互联网连接 • 负载均衡器 • 防火墙（基于硬件设备或基于软件） • 网络管理系统
人员	IT 和 DevOps 工程师对计算基础设施的设计、构建和维护至关重要 此外，合规人员、法务人员、治理人员、系统管理人员和最终用户是基础设施的一部分，因为他们提供了关于基础设施应如何支持企业需求及部门或使用场景需求的要求和指导

图 2.1 — 计算基础设施的核心组件

资料来源：改编自 Techopedia，“IT 基础设施”，www.techopedia.com/definition/29199/it-infrastructure

不同类型的 IT 基础设施取决于企业的规模和复杂性、企业提供的产品和服务，以及支持企业所需的工具或系统。

IT 基础设施的设计和开发因业务类型和企业特定需求的不同而存在差异。确定企业的特定需求后，可以做出有关架构和系统设计的决策。

传统基础设施的设计和实施要求人员掌握从网络、数据库和存储到安全性、监控和系统健康等各个方面的技能。在过去，这些考虑因素几乎仅由企业所有者和工程师讨论决定。随着全球对数据隐私和个人识别信息的关注越来越多，在整个基础设施生命周期中，法务人员和合规人员也会参与到这些讨论中。

鉴于法务人员和合规人员对基础设施设计和开发过程做出的贡献，新的流程步骤现已成为对系统的要求，包括与系统中的数据有关的数据评估、数据分类、数据清单、政策和程序。**图 2.2** 展示了隐私架构的组件。如果实施得当，系统基础设施和隐私架构将有助于系统遵守个人信息的处理原则。

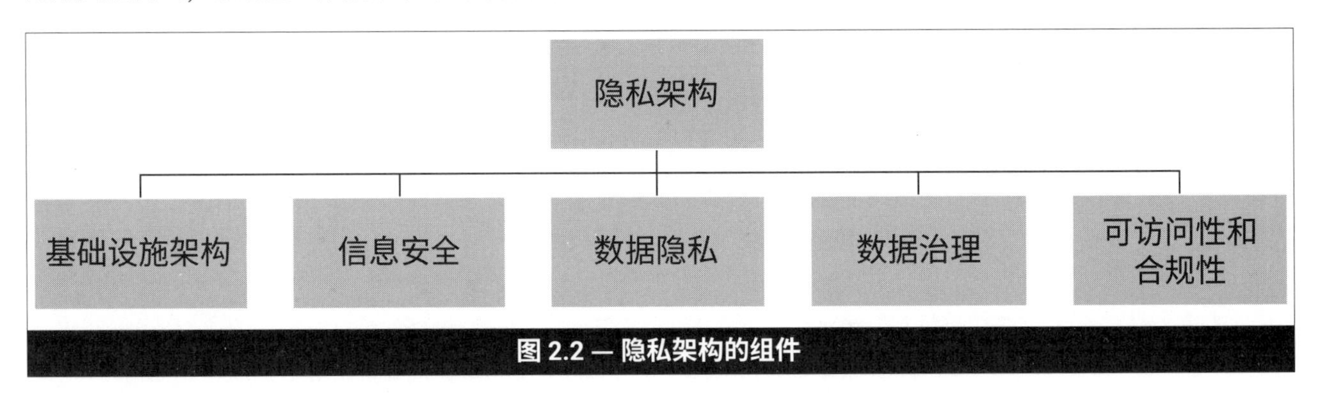

图 2.2 — 隐私架构的组件

在隐私架构中，信息安全与数据隐私是不同的学科，但需要将它们结合起来才能形成全面的解决方案：

- **信息安全**指保护信息（个人信息或其他信息）免受未经授权的访问、使用和泄露。
- **数据隐私**包括管理系统内个人信息的收集和处理的规则，以及数据主体控制其个人信息、接收通知和做出同意的权利。

了解全球数据隐私法规至关重要，因为要实施用于管理系统内或整个企业内的数据所使用的技术、政策和程序，必须遵守和满足这些法规的要求。请参阅第 1 章“隐私治理”了解更多信息。

2.1 自主管理型基础设施，包括技术栈

有许多类型的计算基础设施。主要的两种类型是自主管理型和基于云的基础设施（见**图 2.3**）。每种类型的基础设施都有不同的模型，部署和支持相应基础设施的方式也有很多种。

	自主管理型数据中心	基于云的数据中心
位置	本地/可物理访问	异地/虚拟化
管理	企业	第三方提供商
系统管理	内部 IT 团队	服务提供商
可靠性	与 IT 部门的内部服务水平协议	与提供商的服务水平协议
成本	高	按用量付费
可扩展性	需要采购、安装和配置	即时扩展

图 2.3 — 数据中心的比较

自主管理型基础设施是一种部署在本地并根据企业的服务需求和支持要求，由 IT 或者 DevOps 团队或者两者同时进行管理的基础设施。这类基础设施范围广泛，包括简单的办公网络或特定于应用程序或服务的技术栈，以及提供以下服务的企业基础设施：

- 网络。
- 存储。
- 计算和应用程序托管。
- 安全。
- 集中式日志记录。
- 互联网访问。
- 备份/灾难恢复。
- 电源。
- 暖通空调 (Heating, Ventilation and Air Conditioning, HVAC) 系统。
- 冗余服务（例如，电路、电源、冷却）。

这类基础设施的设计、开发和支持的所有方面均依赖公司的 IT 团队。

2.1.1 本地中心的非云替代方案

以下部分介绍自主管理型基础设施的一些常见替代方案。

托管服务数据中心

托管数据中心是在第三方数据中心服务提供商处（异地）部署、管理和监控的数据中心模式。它通过托管服务平台 (Managed Service Platform, MSP) 提供与标准数据中心类似的特征和功能。

托管数据中心可以采用部分托管或完全托管。如果是部分托管的数据中心，企业对数据中心基础设施或服务拥有一定程度的共享管理控制。如果是完全托管的数据中心，则大部分或所有后端数据中心的系统管理和运营管理均由数据中心提供商执行。[1]

主机托管数据中心

主机托管 (Colocation, Colo) 数据中心拥有独立的异地设施，并将空间租借给其他企业。主机托管数据中心负责数据中心的构建、冷却、冗余电源、建筑安全、数据中心内的隔离及网络连接。向 Colo 租用空间和核心基础设施的企业在 Colo 设施内提供并管理自己的组件（例如，服务器、防火墙、存储）。Colo 被视为拥有服务水平协议 (Service Level Agreements, SLA) 的自主管理型设施，这些 SLA 涵盖了数据中心的电源、冷却、互联网线路和物理安全。

2.1.2 自主管理型基础设施的优势

设计、开发和实施 IT 基础设施时，其中一个关键决策是决定采用本地部署还是将基础设施托管给自主管理型数据中心，或是使用云服务提供商 (Cloud Service Provider, CSP) 提供的云基础设施。

了解企业的需求和要求及企业的目标市场有助于确定最合适的基础设施。其他注意事项包括：

- 成本。
- 维护。
- 安全。
- 可用性。
- 基础设施位置的规模和管辖权。
- 在其中运行的应用程序及其处理的数据。

企业应比较每种基础设施类型的优势和局限性。

控制

从购买硬件系统到安装、配置、软件部署、日常维护和系统安全，企业自己完全管理本地基础设施并提供内部技术支持。拥有对系统全方位的控制是自主管理型基础设施的最大优势。

开发

采用自主管理型基础设施解决方案时，企业负责维护系统及所有相关流程和系统的各个方面。支持整个基础设施的所有部署工作均由内部人员在本地基础设施上执行。

安全

考虑到在设计和搭建基础设施时提供给 IT 和 DevOps 团队的控制权，自主管理型基础设施通常被认为比基于云的基础设施更安全。借助自主管理型系统，企业可确定或定义基础设施每个层级的角色、访问权限及所有内部和外部连接。

企业在做出这些决策时需要考虑到业务目标、风险容忍度和具体的系统安全需求。虽然被列为一项优势，但不应假定这种系统因为处于自主管理的环境中而有更高的安全性。要实现更高的安全性，在审查业务需求、系统设计、信息安全、隐私、治理、监控、日志记录及系统加固是否充分时，应执行适当的尽职调查。

治理

IT、DevOps、工程、法务、合规团队与许多其他内部团队合作构建的自主管理型系统及系统中的数据将通过内部组织政策和程序实施治理。这种合作可防止随机创建环境和系统及企业数据或 PII 遭到滥用的问题。在广泛使用基于云的基础设施时，这些问题可能被忽视。

2.1.3 自主管理型基础设施的局限性

下面将探讨自主管理型基础设施的局限性。

成本

与采用基于云的基础设施的初始成本相比，购买用于构建完整的自主管理型基础设施的硬件和软件所需的初始资金通常较高。自主管理型系统的成本取决于根据业务需求和系统所支持的用户/企业定义的基础设施规模及所需能力。

基础设施的初始购置成本是用于比较基础设施选项的一个数据点，但要准确计算任何系统的成本，还应计入所提议系统的总体拥有成本 (Total Cost of Ownership, TCO)。TCO 的计算不仅要考虑硬件和软件的初始成本，还应考虑与研究、设计、资源开发、采购、安装、开发、培训和部署相关的成本。此外，TCO 还包括系统的管理、维护、支持、停机、折旧及废弃成本。[2]

系统管理

对于自主管理型系统而言，系统升级、修补、监控、日志记录、安全等职责均由 IT、DevOps 和网络运营中心 (Network Operation Center, NOC) 团队履行。履行这些职责本身并非一项限制，但系统管理作为一项运营开销，与风险一样，可以转移给服务提供商。这种做法可以降低总成本，并能在环境未得到适当的维护或服务提供商未遵守 SLA 的情况下提供补救方法。

注：将系统管理工作转移给服务提供商虽然可以降低总成本和运营开销，但也意味着会给环境及其数据的控制带来潜在风险。

可扩展性

与基于云的基础设施不同，在扩展自主管理型系统时，支持团队需要完成硬件采购、布线、供电、配置和保护操作以增加容量。除非已经有准备就绪的储备容量，否则执行采购步骤来部署产能需要耗费一定的时间。

系统可用性

系统可用性是一个指标，指系统处于可运行、可靠和稳定状态的时间百分比。与系统管理一样，系统正常运行时间由企业内部资源 (IT、DevOps) 根据系统运行要求提供支持。需要的系统可用性越高，关键基础设施所需的冗余度就越高（见**图 2.4**）。

可用性/%	停机时间/年	停机时间/月	停机时间/周
99	3.65 天	7.31 小时	1.68 小时
99.9	8.77 小时	43.83 分钟	10.08 分钟
99.99	52.6 分钟	4.38 分钟	1.01 分钟
99.999	5.26 分钟	26.30 秒	6.05 秒
99.9999	31.56 秒	2.63 秒	604.8 毫秒

图 2.4 — 系统可用性

可用性的计算因素包括平均故障间隔时间 (Mean Time Between Failures, MTBF)，即系统或组件故障之间的平均间隔时间，以及平均修复时间 (Mean Time To Repair, MTTR)，即从故障中恢复所需的时间。

高可用性基础设施元素的这种必要冗余会增加系统的总成本，即物理硬件、软件成本及负责维护、监控、保护和支持工作的人员成本。系统可用性带来的额外组件成本和运营开销正是本地系统存在的局限性。

而在基于云的系统中，所需的全部基础设施、人员、流程和工具已经存在，因此可以更轻松地支持正常运行时间和可用性。

2.1.4 关键隐私问题

自主管理型基础设施比基于云的基础设施更为安全的认知或假设基于工程师对基础设施的直接控制。这也包括团队构建和支持基础设施的能力，以及关于基础设施及其处理的数据的使用的治理政策和程序。这一假设可能不准确，并且应该在基础设施规划和开发的需求和设计阶段进行审查。在审查基础设施设计和隐私保护实施计划时，必须执行适当的尽职调查。

系统权限和访问

企业系统之所以存在隐私问题，是因为其中存储了数据。权限和访问控制对于确保适当的人员在正确的时间访问正确的数据至关重要。物理安全也是一个关键问题。处理隐私注意事项的一些步骤包括：

- 确定组织中谁拥有数据中心访问权限。
- 记录物理访问和进出情况，包括日期/时间/持续时间。
- 建立定期审计访问和权限的程序。
- 确保实施基于角色的系统/应用程序权限：
  - 拥有哪些角色和相应的权限？
  - 谁可以并以何种角色访问系统？
  - 是否有定期审计访问和权限的程序？
  - 是否已针对所有角色维护最小特权原则？

日志记录

日志带来了另一个隐私问题。在考虑应用程序或系统日志记录时，错误日志应包括：

- 应用程序错误。
- 系统错误。
- 网络错误。

堆栈内所有系统的系统访问日志应包括：

- 失败/成功的访问尝试。
- 系统/日期/时间戳/IP 地址/数量/会话持续时间。
- 日志访问：拥有访问权限的人员、访问日志的时间及访问频率。

变更日志应包括：

- 系统变更。
- 系统环境或应用程序参数调整或变更。
- 数据变更或元素变更（完整性）。
  - 数据编辑：
    - 从管理账户或特权账户对数据元素进行变更。
    - 直接访问数据库。
      - 系统/日期/时间戳/IP 地址/数量/会话持续时间。

在评估日志数据保留时，应考虑：

- 审核并确定日志持久化的持续时间。
  - 需要对多长时间的数据进行分析？
- 建立用于历史回顾的汇总或视图。
  - 报告。
  - 历史系统操作和趋势分析。
- 审核删除日志数据的流程。
  - 频率。
- 审查日志中是否存在不应包含的 PII 或信息。
  - 系统不应将 PII 写入日志。
  - 数据变更或元素变更（完整性）。
- 监控数据编辑。
  - 从管理账户或特权账户对数据元素进行变更。
  - 直接访问数据库。
    - 系统/日期/时间戳/IP 地址/数量/会话持续时间。

监控和警报

在应用程序、系统、日志和环境中需要部署相应的系统，对其中的日志和关键事件进行汇总、量化、报警和报告。需要建立上报途径以便及时引起关注，并定期进行审查。

企业还需要设定参数，监控数据中心的物理环境，并设置在参数超出设计阈值时触发警报。

隐私法律审查

隐私法律会影响企业系统内的数据处理，因此，审查适用的隐私法律至关重要。

应执行差距分析，以识别重叠和不同的要求。此审查应该在针对系统及其处理的数据创建政策和程序方面起到指导作用。法务、合规和风险专业人员应协助确定隐私合规性的运行基准。很重要的一点是以适当的时间间隔审查和调整所有适用的隐私法律。

2.2 云计算

美国国家标准与技术研究院和云安全联盟 (Cloud Security Alliance, CSA) 将计算定义为“一种支持对可配置计算资源共享池（如网络、服务器、存储、应用和服务）执行广泛、便捷、按需的网络访问的模型，它可以进行快速提供和发布，同时将管理工作或与服务提供商的交互保持在最低水平”。[3]

云计算的主要目的是将硬件和软件资源的管理和交付外包给第三方公司。这些第三方公司专门提供特定的服务或服务选项，而且与内部运营的服务或自主管理型基础设施的服务相比，价格要低得多，质量也更好。

通过云，DevOps 工程师团队或 IT 部门可以根据需求购买硬件资源的使用权，而无须耗费时间和成本来独立采购和维护硬件。

根据 NIST 的定义，云计算模型包含五个基本特征、三个服务模型和四个部署模型。鉴于每种云模型存在的差异，从安全和数据保护的角度考虑使用云时，隐私工程师必须了解云提供商和企业各自的职责范围。这些职责取决于 CSP 提供的服务模型，但明确这些职责对于在云环境中做出有关政策、安全、治理和隐私方面的决策至关重要。

2.2.1 云数据中心

云数据中心提供了与传统本地数据中心相同的基础设施元素，而且具有相同的通用用途。这些设施位于异地，通常分布在多个位置。CSP 通过互联网向许多企业提供对这些数据中心的访问。根据客户的需求，基础设施的部署主要采用四种模型：私有云、社区云、公共云和混合云（见**图 2.5**）。**图 2.6** 提供了这四种模型的比较。

部署模型	云基础设施说明	考虑因素
私有云	• 只为一个组织运行 • 可由该组织或第三方管理 • 可驻留在本地或异地站点	• 风险最小的云服务 • 可能缺乏公共云的扩展性和灵活性
社区云	• 由多个组织共享 • 支持具有共同使命或兴趣的特定社区 • 可由这些组织或第三方管理 • 可驻留在本地或异地站点	• 与私有云一样，另外： ■ 数据可能与竞争对手的数据存储在一起
公共云	• 供大众或大型产业集团使用 • 归销售云服务的组织所有	• 与社区云一样，另外： ■ 数据可能存储在未知位置，而且可能无法轻松检索
混合云	• 包含两个或多个云（私有、社区或公共云），这些云仍是独立的实体，但通过能实现数据和应用程序可移植性的标准化或专有技术（例如用于在云之间均衡负载的云爆发）绑定在一起	• 具有融合不同实施模式后的综合风险 • 分类和标签的好处在于确保将数据分配至正确的云类型

图 2.5 — 云部署模型

	私有云	社区云	公共云	混合云
可扩展性	有限	有限	极高	极高
安全	最安全	非常安全	比较安全	非常安全
性能	非常好	非常好	中等偏低	良好
可靠性	极高	极高	中	中等偏高
成本	高	中	低	中

图 2.6 — 云部署模型的比较

资料来源：Pal, D.；S. Chakraborty; A. Nag；“Cloud Computing: A Paradigm Shift in IT Infrastructure”，*CSI Communications*，第 38 卷，2015 年 1 月

2.2.2 云计算的基本特征

云计算具有五个基本特征。[4]

- **按需自助服务：**消费者可以根据需要自动配置云服务（例如，计算或存储），而无须与服务提供商交互。
- **广泛的网络访问：**可以通过支持多种设备（例如，平板电脑、笔记本电脑）的基本网络连接来访问和配置云资源。
- **资源池：**通过多租户或虚拟化将计算资源集中到资源池中，使多个用户能够更有效和更高效地使用同一硬件。
- **快速弹性：**云系统具有弹性，可根据需要实时配置、释放和调整规格（由用户执行或自动执行）。
- **可计量的服务：**这一术语指云提供商自动监控或计量所配置的云服务（例如，存储、处理、带宽）。此计量旨在提供计费透明度、系统报告及协助资源分配和系统规划。

2.2.3 云服务模型

云服务种类繁多，涵盖硬件基础设施、软件服务、数据存储及操作系统和应用程序等。根据不同的 CSP，有三种不同的云交付模型：基础设施即服务 (Infrastructure as a Service, IaaS)、平台即服务 (Platform as a Service, PaaS) 及软件即服务 (Software as a Service, SaaS)（见**图 2.7**）。

服务模型	定 义	考虑因素
基础设施即服务	IaaS 可以调配处理能力、存储设备、网络和其他基本计算资源，使客户能够部署和运行任意软件，包括操作系统和应用程序。IaaS 将此类 IT 运营事务交由第三方负责	如果云提供商的服务中断，可将影响降至最低的选项

图 2.7 — 云计算服务模式

服务模型	定 义	考虑因素
平台即服务	PaaS 可以由客户使用提供商支持的编程语言和工具将创建或获得的应用程序部署到云基础设施上	• 可用性 • 机密性 • 在存储敏感信息的数据库将采用异地托管方式的情况下发生安全事件时的隐私和法律责任 • 数据所有权 • 有关电子发现的问题
软件即服务	可以使用提供商在云基础设施上运行的应用程序。这些应用程序可以从各种客户端设备通过 Web 浏览器等瘦客户端接口访问（例如，基于 Web 的电子邮件）	• 应用程序归谁所有? • 应用程序驻留在哪里?

图 2.7 — 云计算服务模式（续）

资料来源：ISACA，*Cloud Computing: Business Benefits With Security, Governance and Assurance Perspectives*，美国，2009 年，www.isaca.org/Knowledge-Center/Research/ResearchDeliverables/Pages/Cloud-Computing-Business-Benefits-With-Security-Governance-and-Assurance-Perspective.aspx

2.2.4 责任共担模型

责任共担模型 (Shared Responsibility Model, SRM) 被定义为“规定 CSP 及其用户的安全责任的云安全框架，以确保实施问责制度”。企业迁移到基于公共云的基础设施后，意味着将部分（但不是全部）IT 安全职责转移给 CSP。CSP 和企业分别负责环境中不同方面的安全，以实现全面覆盖（见**图 2.8**）。

本 地	IaaS	PaaS	SaaS
用户访问	用户访问	用户访问	用户访问
数据	数据	数据	数据
应用程序	应用程序	应用程序	应用程序（由提供商管理）
操作系统	操作系统	操作系统（由提供商管理）	操作系统（由提供商管理）
网络流量	网络流量	网络流量（由提供商管理）	网络流量（由提供商管理）
虚拟化	虚拟化（由提供商管理）	虚拟化（由提供商管理）	虚拟化（由提供商管理）
基础设施	基础设施（由提供商管理）	基础设施（由提供商管理）	基础设施（由提供商管理）
物理安全	物理安全（由提供商管理）	物理安全（由提供商管理）	物理安全（由提供商管理）

□ 由企业管理　■ 由提供商管理

图 2.8 — 云安全的责任共担模型

资料来源：TechTarget，“Infrastructure as a Service (IaaS)”，https://searchcloudcomputing.techtarget.com/definition/Infrastructure-as-a-Service-IaaS

如**图 2.8** 所示，如果企业采用本地或自主管理型数据中心，则由企业负责设施、基础设施和数据及在数据中心内运行的应用程序的安全性。

CSP 的一般职责包括：

- 配置物理数据中心、硬件和网络基础设施。
- 建立和维护电源和冗余电源、冷却系统、消防系统、洪水保护，以及监视物理设施和基础设施硬件。
- 基本的网络安全，包括防火墙和反分布式拒绝服务。
- 云基础设施、网络、存储和虚拟化的安全性（租户资源隔离和虚拟化资源管理）。
- 多租户身份管理和访问控制。
- 保障租户对云资源的访问。
- 安全管理、运营和基础设施监控。
- 服务连续性计划和测试。

云消费者的责任包括：

- 环境内的应用程序的身份管理和访问控制。
- 数据安全。
- 对访问云环境的系统、设备、应用程序、硬件和软件工具的安全管理。

尽管这种安全模型同时依赖 CSP 和客户，但客户部署或运作的任何应用程序或服务及客户收集的任何数据应由客户自己负责。CSP 单方面提供的措施不足以为客户的应用程序和数据提供充分或合规的安全级别。如果客户未能在公共云环境中实施适当的保护，将给企业带来风险和漏洞。

SRM 为评估公共云环境奠定了良好的基础。了解发生责任转移的情况后，IT 和 DevOps 团队可以开始审查每个级别的环境并制订安全计划。评估步骤包括：

1. 对应用程序、主机、存储和网络层进行安全差距分析，安全对它们而言至关重要。了解 CSP 提供的服务及需要什么才能让应用程序或系统在公共云中运行。
   a. 为此，需要审核 SRM、业务需求、信息安全要求、合规性要求和法律要求。
2. 制订计划，以弥补在这些领域内发现的所有差距。
   a. 实施访问管理，例如最小访问权限策略。
   b. 逻辑划分：根据数据敏感性划分账户。
   c. 监控：利用工具及早检测系统风险、不安全的配置和漏洞。
3. 通过培训来践行基于设计的隐私保护原则，使开发团队能够在开发和实施生命周期的每个阶段计划和构建安全性。
4. 建立一种文化，为积极采用、审核和实践系统安全及数据安全提供支持。
   a. 制定易于阅读和理解的政策和程序；提供轻松的途径，供团队识别和报告问题及顾虑。
   b. 为所有人提供关于安全最佳实践和企业必须遵守的法律方面的培训。
   c. 支持和奖励那些帮助提高系统安全和数据处理水平的人员。

2.2.5 云计算的优势

下面列出了云计算的优势。

成本

本地基础设施模型与云基础设施模型之间的主要区别之一是前期成本。由于需要大量投资以采购所需的硬件、软件、人员、设施和工具以实施本地基础设施，因此转向基于云的解决方案通常是更经济高效的方法。大多数云提供商采用按用量付费的方式提供服务。与前期成本高昂的自主管理型系统不同，企业可通过按用量付费模式控制对云系统和功能的使用，并且仅为所使用的功能付费。

工程师应正确比较本地系统和基于云的系统的资本支出与运营支出。这些环境类型的实际成本与系统及其使用规模直接相关。通常本地系统的资本支出要显著高于基于云的系统的资本支出。基于云的系统的运作方式有所不同，虽然不存在前期资本支出，但它所采用的按用量付费模式（例如流入或流出数据）可能在整个环境生命周期中产生很高的运营支出。

许多因素可能影响基于云的系统中的数据大小、规模和移动，因此运营支出是变化的并与系统和云账户的规模、使用和管理成正比。在选择基础设施类型之前，关键是要执行适当的尽职调查并比较每种模型的预估资本支出与运营支出。如果迁移到云是理想的选择，在进行投资之前，应针对云环境的创建、成本和扩展等问题制定适当的政策和程序。

安全

在基础设施中，最受关注的问题始终是系统和数据的安全性。CSP 为其平台提供了基本保护，消费者则根据其应用程序或基础设施需求提供其他特有的安全措施作为补充。CSP 平台安全和数据保护服务是作为其产品组合的一部分提供的，因此消费者将从 CSP 在这些基本基础设施元素的安全方面所具有的资源和专业性中受益。

可扩展性

每个企业的 IT 需求各不相同，而且会随着时间而变化。传统上，在本地系统中，IT 或企业会估算容量需求，然后采购硬件来满足预期的需求。

基于云的基础设施使企业能够根据自己的业务需求以按用量付费的方式纵向（向上/向下）和横向（向外/向内）扩展环境。

向上/下扩展（纵向扩展）

纵向扩展指向现有系统添加更多资源，例如中央处理器、内存、磁盘、网络，以达到系统所需的性能水平。在云环境中进行扩展时，可以将应用程序迁移到不同（或更强大）的虚拟实例或主机中。可通过增加应用程序操作的线程或增加连接来扩展软件。

向外/内扩展（横向扩展）

横向扩展是一种容量扩展类型，通过增加新硬件，而不是增加现有设备的容量（纵向扩展）实现扩展。横向扩展通常用于存储系统，可通过增加区块容量，在维持按用量付费模式的同时，增加存储容量和并行数据流容量（负载均衡）。

有三种扩展云中的系统或基础设施的方法。[5]

扩展方法

有三种扩展云中的系统或基础设施的方法（见**图 2.9**）。

扩展方法	描 述
手动扩展	在 IT 或 DevOps 监测并确定何时扩展基础设施后部署手动扩展。手动扩展： ● 涉及监测基础设施及其性能，然后在需要时启动变更 ● 会在系统运行中引入风险 ■ 如果需要更多容量但没有在适当的时限内增加容量，系统的性能可能下降到不可接受的水平 ■ 使用手动扩展时，如果系统扩展不当，企业可能为没有使用的资源付费，从而导致成本增加
计划扩展	基于计划的扩展可根据可预测的负载变化进行调整 计划扩展运用需求曲线来触发环境变化。系统在可预测的高需求时段自动向外扩展，然后在需求减少时自动向内扩展
自动扩展	自动扩展指根据运行阈值或规则自动增加计算、存储和数据库资源 自动扩展可确保系统始终可用，并利用必要的资源提供最优服务。借助自动扩展，系统可根据使用规则进行横向和纵向扩展

图 2.9 — 扩展方法

数据可访问性

如果企业系统及其数据驻留在云中，则可使用连接互联网的设备从世界任何地方访问数据。这是云计算的一个优势，但也伴随着风险。利用公共云实现应用程序和数据持久化意味着数据被混合在 CSP 运营的多租户环境中。CSP 负责基础设施安全，而企业负责保护云中的数据。根据 SRM，保护数据的责任也适用于 IaaS 和 SaaS 环境。

2.2.6 云计算的局限性

下面列出了云计算的局限性。

失去控制

当使用云环境时，由 CSP 负责保护核心基础设施和数据中心。这意味着企业对后端基础设施的控制（例如，服务器外壳访问、更新、固件管理）与使用本地系统时不同。

成本

比较云环境与本地数据中心的成本时，无论哪种部署模式，云都被认为具有优势。但是，如果云资源管理不当，可能给云环境带来成本问题。资源管理不当可能导致企业为没有使用的资源付费或为没有得到适当运用的资源支付过多费用，从而导致成本增加。（请参阅“可扩展性”了解更多信息。）

互联网依赖/停机时间

使用云环境必须连接互联网。如果互联网连接断开或性能下降，云环境和数据的管理将受到影响。要管理这种风险，需要了解企业对互联网访问的要求、对持久访问云环境的需求、相关国家/区域的服务提供商及发生中断的可能性。

关于互联网（电路）或 CSP 停机时间，很重要的一点是需要了解提供商提供的 SLA。如果供应商的正常运行时间达到 99.9%，企业每月可能经历 43.83 分钟的停机时间。了解停机时间对企业及其客户的影响至关重要。根据业务需求及为企业及其客户提供的服务，可能需要容错性更强或可用性更高的云环境。无论是在云中还是在本地环境，将容错性或高可用性纳入任何基础设施设都会导致成本增加。

安全与隐私

CSP 在其部署模型的核心硬件和网络基础设施级别提供了良好的安全性，但使用服务的企业仍需遵守一些数据安全和数据隐私要求。CSP 在其共担责任条款中声明，他们负责构成全球基础设施的设施和硬件及将基础设施定义为计算机、存储、网络或数据库资源的任何软件。使用云服务的企业必须充分了解 CSP 的职责范围，以及保护企业在这些系统中的应用程序和数据所需的措施。

了解保护在云环境中运行的系统和软件所需的措施取决于几个因素。企业必须保护其系统和数据，以满足特定的需求和要求。此外，在审查要求保护数据的国际和国内法律时，需要执行适当的尽职调查。请参阅第 1 章“隐私治理”了解更多信息。

2.3 终端

终端是连接到局域网或广域网并通过网络进行双向通信的任何计算设备（例如，平板电脑、笔记本电脑）。用网络安全术语来说，终端通常指防火墙外部的任何设备。

终端在办公室内部和外部的员工中更为普及。当今劳动力的流动性促使人们使用各种设备来满足在任何时间、任何地点即时访问所有工作或个人事务的需求。这种移动访问为 IT 和隐私专业人员带来了独特的安全问题。

终端安全涉及为客户和企业数据、关键业务系统和知识产权提供全面的保护。此外，它还涉及针对病毒、恶意软件和网络钓鱼攻击提供防护。解决终端相关安全问题的工具包括终端保护平台 (Endpoint Protection Platforms, EPP) 和移动设备管理 (Mobile Device Management, MDM) 解决方案，以及允许访问受控网络环境的虚拟专用网络 (Virtual Private Networks, VPN)。全面的解决方案基于策略并可根据角色要求提供对公司资源的访问。

2.3.1 实现终端安全性的方法

终端包括公司、个人和承包商或访客设备。由于这种多样性，IT 团队无法始终控制这些设备的配置。要在企业基础设施中支持这些设备，需要通过安全实践或一系列安全控制（方法）来实施自带设备 (Bring-Your-Own-Device, BYOD) 策略，以保护数据和应用程序及网络本身。

终端安全性的注意事项包括：

- **企业设备：** 企业可要求员工使用其派发的计算机、平板电脑等。IT 人员可配置这些设备来访问企业网络，同时确保已安装适当的软件和应用程序来保护设备和网络。
- **设备控制：** 通过安装 MDM 或其他解决方案，IT 人员可以从中央应用程序控制设备，启用身份认证、数据加密、远程跟踪和远程清除。
- **访问政策：** 可以限制仅设备上的特定系统、数据贮存库或应用程序可以访问公司网络。访问政策可规定每周允许访问的天数和时段。政策应基于角色，并应用于访问企业系统的个人的所有设备。
- **数据传输限制：** 根据个人在企业中的角色及企业的数据访问政策，可应用有关数据下载或上传量的限制。
- **BYOD/企业设备策略：** 无论是哪种类型的设备，应该让每位团队成员了解 BYOD 和企业设备政策。这些政策应提供以下详细信息：可接受的使用、允许的功能和应用程序；设备监控、配置和撤销配置，以及设备的网络访问。
- **终端检测和响应 (Endpoint Detection and Response, EDR)：** EDR 是集成的终端安全解决方案，将连续实时监控和终端数据的收集与基于规则的自动响应和分析功能结合在一起。EDR 系统的主要功能包括监控和收集来自终端的活动数据，分析数据以识别威胁或模式，自动响应已识别的威胁（移除、控制、通知），以及提供取证和分析工具。

终端安全性的组件包括：

- 反恶意软件和防病毒保护。
- 内部威胁防护。
- 网络安全和监控。
- 数据分类和数据丢失防护。
- 集中式 MDM。
- 终端数据加密。
- 应用程序控制（防止未经授权的应用程序执行）。
- 网络访问控制。
- 双因素认证 (Two-Factor Authentication, 2FA) 或单点登录。
- 要求终端设备在被授予访问权限之前满足企业安全标准的政策。

2.4 远程访问

远程访问指能够从远程位置访问计算机或办公室网络。利用远程访问，员工可以在家里或任何其他位置异地办公，同时继续使用办公室网络连接。

2.4.1 虚拟私有网络

互联网协议安全性 (Internet Protocol Security, IPSec) 是一种网络层安全控制，用于保护公共网络上的通信、加密主机间的 IP 流量，以及建立虚拟专用网络。VPN 为计算机或网络之间的数据和控制信息提供了一种安全的通信机制，而互联网密钥交换 (Internet Key Exchange, IKE) 协议最常用于建立基于 IPSec 的 VPN。

问题

VPN 提供了不错的远程访问解决方案，但也带来了一些安全挑战或风险。凭证管理和保护对于 VPN 至关重要。只要持有盗用的 VPN 客户端软件和凭证，任何人都可以访问企业网络。VPN 会造成供应商访问方面的问题。根据企业关于供应商通过 VPN 访问的政策及 VPN 软件本身，管理第三方供应商可能面临一些挑战。根据企业必须遵守的法律和法规，VPN 可能增加合规风险。这种风险与政策和程序及 VPN 本身相关。根据 VPN 软件的复杂性，所需的日志和使用详情可能不存在。因此可能出现合规性问题。

虽然 VPN 连接提供了客户端 PC 和企业网络之间的安全连接，但 VPN 不能为客户端提供个人安全功能，也不能保护客户端免遭基于互联网、恶意软件或病毒的攻击。VPN 连接提供数据机密性和身份认证服务。如果远程计算机被入侵，攻击者可以将被入侵系统用作访问企业网络的一种途径。

风险

以下部分将探讨隐私专业人员关注的一些常见风险。

用户凭证风险

VPN 的安全强度仅取决于对 VPN 用户和设备采用的身份认证方法。基于密码的简单身份认证方法可能被规避或通过社会工程方法入侵。2FA（知道的内容和拥有的内容）是为企业网络提供安全 VPN 访问的最低要求。根据公司需求，可能有必要采取三因素认证（知道的内容、拥有的内容和具有的特征）。

恶意软件和病毒

每台不符合网络访问安全要求的远程计算机都会对企业构成威胁。恶意软件和病毒可能从远程机器迁移到企业网络。需要最新的防病毒软件和 EDR 软件以降低这类风险。

拆分隧道

为保护数据，VPN 通过加密的隧道路由互联网流量。当 VPN 隧道远程端的计算机同时与公共网络和内部专用网络共享网络流量，而没有首先将所有流量放在 VPN 隧道内时，就会出现拆分隧道。如果配置不当，拆分隧道可为共享网络上的攻击者提供途径，让其能够入侵远程计算机并将其作为进入内部（专用）网络的入口。

2.4.2 桌面共享

桌面共享软件可让用户通过客户端连接到其远程系统。一旦用户通过身份认证，本地计算机就可以获得远程计算机上的文件和数据。共享的范围可能从访问在线演示和会议软件到完全远程控制企业系统等。

问题和风险

凭证管理是桌面共享应用程序的一个重大风险。如果被盗，任何人都可以访问远程计算机，并开始窃取信息或安装恶意软件等。所有桌面共享工具的情况不尽相同。一般而言，很多工具缺乏必要的企业控制（日志记录和监控），无法实现供企业内所有用户的安全访问。

2.4.3 特权访问管理

特权访问管理 (Privileged Access Management, PAM) 提供了一套可扩展的工具，用于保护、授权和监控整个企业的所有特权账户、流程和系统。特权账户包括：

- 本地管理账户。
- 域管理账户。
- 服务账户。
- Active Directory 或域服务账户。
- 应用程序账户。

PAM 系统由三个主要组件构成。

- **访问管理器：**访问管理器可让管理员看到谁在使用系统，以及这些系统中的数据，因而能够检测出漏洞和威胁。
- **会话管理器：**会话管理器有助于实时控制系统访问。该管理器与安全信息和事件管理系统、自动安全协调解决方案和入侵检测系统集成，可识别和阻止出现的攻击。这种集成为保持合规性和履行法规义务提供了不可更改的审计轨迹。
- **密码管理器：**密码管理器用于存储和保护密码，并提供了密码的创建和管理规则。管理员可以使用密码管理器自动管理、发布和循环使用密码。密码创建可以由管理员手动完成，也可以通过自动功能完成。每次在用户请求访问时，系统都可以自动创建一个新密码，从而避免重复使用密码或凭证泄露，同时确保目标系统和新凭证保持一致，保证访问安全。

因为 2FA 功能与 PAM 相关，所以多因素认证是成功部署 PAM 的基本组成部分。

PAM 解决的特权相关风险包括：

- 缺乏对特权用户、账户、资产和凭证的可见性和认知。
- 过度分配特权。
- 共享式账户和密码。
- 硬编码/嵌入式密码。
- 手动或分散化的凭证管理。
- 对服务和应用程序账户特权的可见性。

- 孤立的身份管理工具和流程。
- 云端和虚拟化管理。
- DevOps 环境。

PAM 的效益包括：

- 减少攻击面，防范内部和外部威胁，即通过限制人员、流程和应用程序的特权，大大减少了攻击的入口点。
- 减少恶意软件的感染和传播。恶意软件通常依靠高级凭证实现自行安装和执行。通过在整个企业范围内实施最小特权原则来移除过度特权，防止恶意软件的传播。
- 友好的审计环境。通过在整个企业范围内限制特权活动，同时对所有会话和活动进行监控和记录，为审计提供帮助。

2.5 系统加固

系统加固指通过配置、工具和最佳实践减少计算机的攻击面，从而确保计算机安全的实务。系统加固的方法基于系统本身、所用的操作系统、网络、数据持久性及系统上运行的应用程序或软件。

可能被黑客利用的所有潜在的技术缺陷和后门合称为系统的攻击面。攻击面可包括：

- 默认密码。
- 硬编码密码。
- 未安装修补程序的软件和固件。
- 未安装修补程序的操作系统。
- 配置不当的 BIOS、防火墙、端口、服务器、交换机和路由器等。
- 未加密的网络流量。
- 以纯文本格式存储的密码或凭证。
- 缺乏特权访问。

可通过移除无人使用的软件（工具或应用程序）、移除不必要的服务、更改默认设置和密码及关闭不必要的网络端口来实现系统加固。要正确地加固系统，需要采用包含多层基础设施的综合性方法。系统加固方法应基于企业对基础设施的要求、监管或合规性要求、信息安全和风险要求。

图 2.10 显示了系统加固的最佳实践。

组 件	最佳实践
操作系统加固	• 定期应用在非生产性机器上测试过的 OS 更新、修补和服务包 • 移除不必要的文件、驱动程序、文件共享、软件、服务和功能 • 加密本地硬盘 • 管理系统权限，确保遵守 InfoSec 政策 • 全面记录所有活动、错误和警告
账户	• 移除所有不必要或默认的账户： ■ 如果无法移除账户，则在整个基础设施的每一层更新与不必要或默认的账户相关的凭证
数据库加固	• 在数据库系统上创建/实施管理限制或基于角色的权限，以控制可以对系统或数据库本身采取的操作 • 加密传输中的数据和静态数据。使用基于企业信息安全政策的加密方法或标准 • 定期审计数据库账户并移除所有无人使用的账户
应用程序/软件加固	• 集中管理应用程序密码（如 PAM）。这项管理应根据信息安全政策生成密码，并处理密码轮换和废弃 • 审计或审查所有应用程序的依存系统，确定潜在的风险领域 • 移除所有不必要的组件、集成组件或特权
服务器加固	• 所有服务器都应放在具有适当访问控制和监控的安全设施中 • 所有服务器在接入互联网或外部网络之前，都应进行加固和测试 • 避免安装对系统正常运行而言不必要的软件 • 适当配置管理和 SA 共享，并按照最小特权原则限制访问
网络加固	• 定期对防火墙规则和配置设置进行审计 • 定期对路由器和第 3 层交换机进行审计 • 阻断任何无人使用或不必要的端口 • 禁用任何无人使用或不必要的通信协议和服务 • 加密网络流量（尽可能使用 TLS v1.2/1.3）
修补安全漏洞	• 修补基础设施所有层级的所有安全漏洞 • 尽可能先在生产环境之外测试补丁，然后再将其应用于生产基础设施

定期进行系统审计	• 计划定期、全面的系统审计：
	  ■ 渗透测试
	  ■ 配置管理
	  ■ 漏洞扫描
	• 建立相应的流程来审查审计结果并为所发现问题的缓解措施或修复确定优先顺序

台式计算机或笔记本电脑	• 为 BIOS 提供密码保护 • 仅从硬盘启动 • 只允许用于键盘、鼠标和耳机的非存储通用串行总线端口

图 2.10 — 系统加固的最佳实践

B 部分：应用程序和软件

作为企业基础设施的一部分，企业使用或创建的应用程序和软件具有独特的隐私考量。本部分将回顾企业使用和创建应用程序和软件所涉及的常见领域，并指出隐私工程师在这些领域中应考虑的问题。

2.6 安全开发生命周期

安全开发生命周期 (Secure Development Life Cycle, SDL) 拓展了传统的软件开发生命周期 (Software Development Life Cycle, SDLC)，定义了在安全环境中开发软件和应用程序的流程和标准。[6] SDL 由 Microsoft 开发，旨在应对 Bill Gates 在 21 世纪初提出的在其所有产品中建立安全机制的挑战。[7] 自那以后，其应用范围得到了进一步的拓宽。

SDL 遵循相同的阶段:

- 需求收集。
- 设计和编码。
- 测试和发布。
- 维护。

安全标准可确保产品对用户信息的保护，因为产品从开始到交付都有内置的安全性。企业级的 SDL 可确保公司创造的所有产品对客户而言都是安全的。

2.6.1 隐私与安全开发生命周期的阶段

如**图 2.11** 所示，SDL 旨在确保将安全性纳入所有软件的开发阶段。

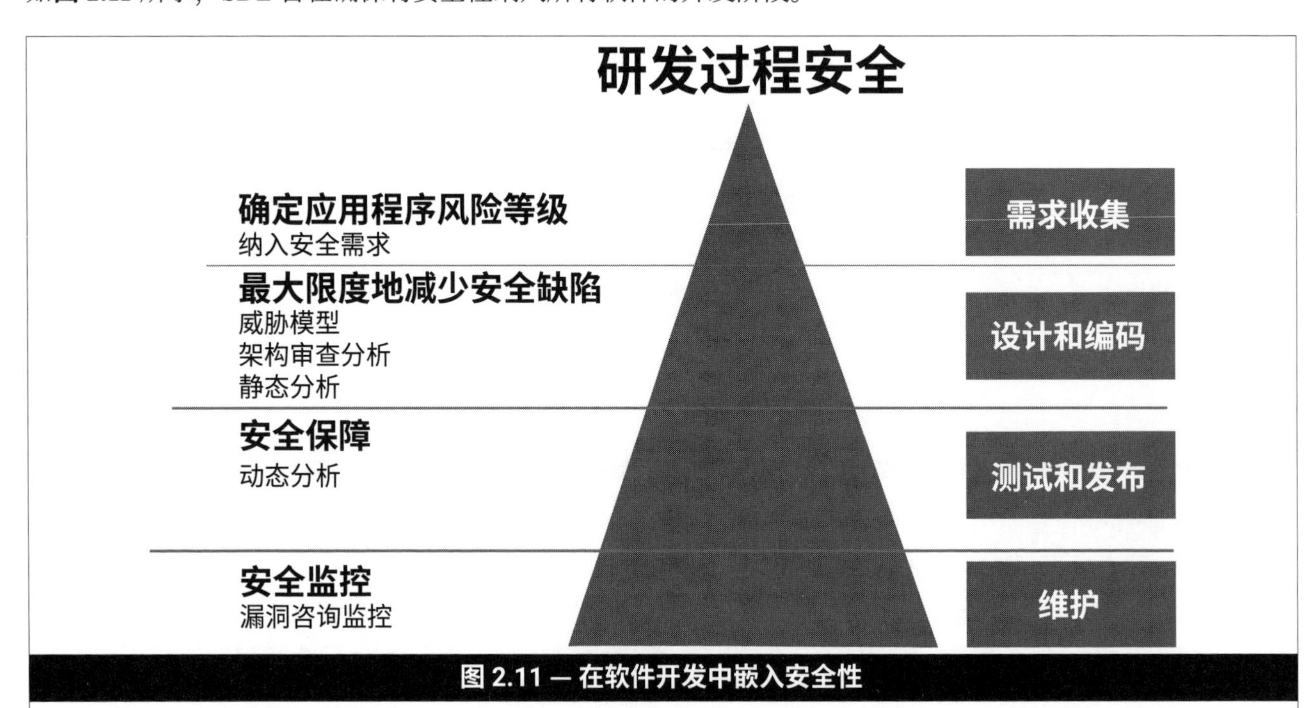

图 2.11 — 在软件开发中嵌入安全性

资料来源：Rajendran, S.；“Safeguarding Mobile Applications With Secure Development Life Cycle Approach”，*ISACA Journal*，第 3 卷，2017 年 5 月 1 日

需求收集

如第 1.7 节“隐私培训和意识”中所述，建立 SDL 的关键第一步是确保员工了解，保护隐私是企业中每个人都应承担的责任。因此，隐私和安全考虑因素是所有程序和流程的首要考量之一。

企业应记录指导其业务活动的企业隐私理念，包括：[8]

- 制定成文的企业隐私政策，描述数据控制者的隐私理念，表明明确的高管支持。这将确保评估企业结构的新举措和变化对个人信息和敏感信息的安全和隐私造成的潜在影响。
- 确保为识别与企业事件相关联的个人和敏感信息安全与隐私风险提供高管支持。
- 在实施 IT 系统、采用手动或计算机化的全新或更新业务流程，以及启动涉及个人信息的企业计划和操作时，传达高管对于整个企业范围内的隐私角色和责任的支持。

除隐私意识计划外，无论采用何种开发方法，所有开发的产品都应确立安全要求。可从行业标准、以往的经验教训和其他多个来源获取安全和隐私的最佳实践。[9] 用户视角在需求收集过程中特别有用，有助于确保其隐私和安全问题得到解决。

设计和编码

设计阶段通常先于实际代码编写。在设计阶段，需求转变为产品架构。Rajendran 认为，“构建安全的设计可以最大限度地减少大多数安全问题，因为代码级的问题可以通过静态分析或手动代码审查加以识别”。[10]

信息安全与合规团队在设计阶段的协作也很重要。这将确保设计团队及合规和数据保护链中的所有利益相关方都能积极参与。在开发阶段，为验证构建中的产品符合安全和合规要求，应定期进行有这两个团队参与的代码审查。

威胁建模非常有助于评估软件或应用程序受到攻击的可能性，并有助于衡量潜在攻击带来的影响。威胁建模可以描述为“在编写代码之前考虑某个功能或系统将受到怎样的攻击，然后在设计中降低这些未来攻击的流程”。[11]

在设计确定后，就可以编写代码，将需求转化为软件或应用程序。SDL 应确立一个安全编码指南，其中应包含对出现问题的预期和指导。[12]

测试和发布

在产品完成设计和编码后，就可以开始测试了。测试包括漏洞扫描、渗透测试和动态安全测试 (Dynamic Security Testing, DAST)。测试可能发现任何剩余的安全问题。特别是渗透测试，该测试旨在挖掘应用程序的安全保护漏洞。但是，可能无法对每个产品进行渗透测试。

静态代码分析和代码审查（也称静态代码审查或静态应用安全测试）属于安全测试方法，可检查代码的缺陷、安全问题和整体质量问题。将这些方法结合使用时，可帮助开发人员确保他们的代码没有潜在漏洞，并符合公司的安全标准和要求。使用静态代码分析可以让开发人员在开发的早期阶段识别和减少漏洞。最后的安全代码审查流程可确保应用程序或服务在投入生产之前已经过全面的安全测试。作为一个验证流程，这种代码分析、审查和测试的方法非常契合隐私设计原则。在完成测试并确认安全后，就可以向客户发布产品。发布应包括可供最终用户报告安全问题的机制。[13]

维护

SDL 并不止步于发布。随着威胁环境的不断发展变化，安全保护也在持续进行。监控和识别新漏洞有助于企业主动保护其产品。NIST 的美国国家漏洞数据库 (National Vulnerability Database, NVD) 和 MITRE Corporation 的常见漏洞和暴露风险 (Common Vulnerabilities and Exposures, CVE) 等资源可能有所帮助。可以通过开发更新和补丁来解决漏洞问题。

2.6.2 隐私设计

隐私设计原本是一种理念，旨在提倡企业从项目的开始阶段即考虑将隐私控制嵌入技术设计中。[14] 后来，其重点关注范围有所扩大，除技术之外，还包括商业惯例、物理设计和基础设施。

隐私设计的七个要素：[15]

1. 认识到必须积极主动地处理与隐私相关的利益和问题。
2. 采用的核心原则应表述隐私保护的普遍范围。
3. 在开发信息技术和系统的过程中，及早以端到端的方式缓解整个信息生命周期内的隐私问题。
4. 需要合格的隐私领导者及/或专业意见。
5. 采用和整合隐私增强技术。
6. 为增强隐私保护和系统功能，应以正和而非零和的思维嵌入隐私保护。
7. 尊重用户隐私。

隐私设计的概念现已发展为一种更成熟的方法论，是公认的全球隐私标准。英国信息专员办公室[16] 创建了由以下八条隐私设计原则构成的隐私模式。

- 原则 1：以公平合法的方式处理个人数据。
- 原则 2：针对指定用途处理个人数据。
- 原则 3：企业可持有的个人数据量。
- 原则 4：保持准确和最新的个人数据。
- 原则 5：保留个人数据。
- 原则 6：个人权利（包括主体访问请求、损害或困扰追索权、防止直接营销、允许自动决策、纠正不准确个人数据的权利、隐私损害赔偿）。
- 原则 7：信息安全。
- 原则 8：向欧洲经济区以外发送个人数据。

隐私设计并非一项法律要求，但 ICO 鼓励企业采用该方法来帮助确保在所有项目的整个生命周期中都能妥善处理隐私和数据保护问题。

任何企业都可以在全球任意地点采用隐私设计的概念，帮助确保从新流程、服务或产品的创建开始，在其整个生命周期中妥善解决隐私问题。

2.7 应用程序和软件加固

加固指的是使已完成的应用程序或软件更难被进行逆向工程和篡改的过程。[17] 从本质上而言，软件加固可以减少攻击面。结合安全编码实践，应用程序加固是企业保护其应用程序的互联网协议地址并防范滥用、欺诈和重新包装的最佳实践。

加固可添加至现有的软件和应用程序，并注入可保护应用程序免受静态和动态攻击的新代码。加固可以保护软件/应用程序不受基本问题的影响，例如因未验证发送人、目的地或消息格式而导致的问题。**图 2.12** 列出了系统加固的一些示例。

加固示例	描 述
数据混淆	这是一种隐藏信息的方法，通过使用加密或标记化对数据进行扰乱实现。该方法可使得攻击者仅能获取难以理解的数据
本机代码混淆	与数据混淆类似，该方法可使得难以对应用程序的源代码进行分析
防调试/防篡改	该方法利用特定的函数来检查程序中是否存在调试器或篡改企图
仿真器检测	仿真器可以通过模仿应用程序的原始操作系统来分析或修改应用程序，也可以使用虚拟机达到此目的。反仿真器能够检测这些程序留下的痕迹
Root/越狱检测	该技术可查找应用程序对通常受保护的系统部分（应用程序通常无法访问的区域）的写入权限，或查找通常由 Root 或越狱设备使用的已知值

图 2.12 — 系统加固示例

资料来源：Rupp, M.；“General Concepts of Application Hardening for Mobile Banking Apps”，Cryptomathic，2019 年 12 月 18 日，www.cryptomathic.com/news-events/blog/general-concepts-of-application-hardening-for-mobile-banking-apps

在系统加固之前，DevOps 或工程团队应该与合规、IT 和信息安全（具体取决于企业的组织矩阵）团队共同审查应用程序、应用程序处理的数据及预期采用的加固技术。合规和信息安全团队可以参与其中，提供建议或额外的指导，以确保系统得到适当加固。

应定期审查已加固的内部系统。由于代码和系统会随时间推移不断演变，所以应定期审查应用程序或系统，验证系统是否仍然安全。

2.7.1 加固最佳实践

BeyondTrust 资源词汇表提供了选择和实施应用程序和软件加固的一系列最佳实践（见**图 2.13**）。

加固最佳实践	描 述
立即修补漏洞	建立全面的自动漏洞识别和修补系统
采用应用程序加固	• 移除任何不需要的组件或功能 • 基于用户角色和上下文来限制对应用程序的访问，如采用应用程序控制 • 移除所有样本文件和默认密码。然后，通过应用程序密码管理/特权密码管理解决方案来管理应用程序密码，该解决方案将强制执行与密码相关的最佳实践，如密码轮换和长度等 • 应用程序加固还应该包括检查与其他应用程序和系统的集成，并移除或减少不必要的集成组件和特权
采用数据库加固	建立管理限制，例如： • 控制特权访问，即用户在数据库中能做什么 • 开启节点检查以验证应用程序和用户 • 加密数据库信息，包括传输中的信息和静态信息 • 强制执行安全密码 • 引入基于角色的访问控制 (Role-Based Access Control, RBAC) 特权 • 移除无人使用的账户
采用操作系统加固	• 自动应用 OS 更新、服务包和补丁 • 移除不必要的驱动程序、文件共享、库、软件、服务和功能 • 加密本地存储 • 收紧注册表和其他系统权限 • 记录所有活动、错误和警告 • 实施特权用户控制
消除不必要的账户和特权	执行最小特权原则，移除整个 IT 基础设施中不必要的账户（如孤立账户和无人使用的账户）和特权
部署 Web 应用防火墙	Web 应用防火墙在部署后，可用于过滤进入应用程序服务器的流量并验证请求和响应

图 2.13 — 应用程序和软件加固最佳实践

资料来源：BeyondTrust，“Glossary”，www.beyondtrust.com/resources/glossary

2.8 API 和服务

几十年来，随着互联网连接的设备和移动设备的使用日益增加，应用程序编程接口 (Application Programming Interfaces, API) 和其他服务的使用也在增加。很多应用程序和网站使用 API 来交换数据，导致出现了许多与使用消费者数据相关的隐私考虑因素。

2.8.1 API

API 是一种用于编程软件的接口，与现有应用程序交互。具体而言，API 是一组函数和过程，允许个人访问现有应用程序的数据和功能并在此基础上构建数据和功能。

API 通常会使用最终用户的隐私数据。如果被入侵，它能够打开网站或企业的系统，从而滥用和侵犯最终用户的隐私。安全漏洞可能意味着泄露敏感的客户数据，甚至是受法律管制的有关医疗或财务的个人识别信息。

通常，企业在与第三方服务提供商交互时需要调用 API。例如，客户可以通过公司的网站注册课程或考试。然后，该网站利用 API 将客户信息提供给托管该课程或考试的学习管理系统或考试提供商。这能够为最终用户简化流程。

API 通常由企业内部开发，或者由外部开发然后供企业使用（如用于营销目的）。

开发人员通常使用四类不同的 API。

- 专注内容的 API：利用这类 API 可以访问原始服务所发布的内容/数据，例如新闻服务网站上的文章。
- 功能型 API：这类 API 将其他网站或应用程序集成到另一种服务的应用程序或网站中，例如在应用程序中打开 YouTube 视频。
- 非正式 API：这类 API 通常由企业为供内部使用而创建，但也可能对第三方有用。
- 分析型 API：这类 API 用于收集有关网站或应用程序的访客或用户的信息。然后，企业利用这些信息做出各种决策，或者针对特定用户发布定向内容和广告。

广告商利用 API 向用户发布特定广告或内容，以确保他们在应用程序或网站上的投入能获得最大价值。例如，广告商可以通过用户 Facebook 个人档案中的信息来确定他们的兴趣，并向他们展示与这些兴趣相关的内容。广告商能够获得的数据量取决该平台的 API，而这可能取决于原始网站从用户那里获取的信息量和公司政策。[18]

API 安全通常包含可显示访问活动的日志。如果 API 的交互速度加快及/或尝试失败的次数增加，可能是隐私泄露的征兆。例如，一个 API 的正常活动为每小时 100 次，如果速度突然明显加快，例如达到每小时 10000 次，则可能表明这个 API 遭到了入侵。

安全的 API 能够保证所处理信息的机密性，只让已获授权的应用程序、系统和用户使用这些信息。此外，从数据隐私的角度来看，这些 API 必须能够保证从其他系统或第三方所接收数据的完整性。

在确定应采取的响应措施时，需要了解谁或哪个系统正在调用 API，这一点很重要。与基础设施内基于角色的权限一样，API 能够根据所确定的身份返回不同程度的信息。基于角色、访问级别或 API 调用本身所做的响应，应该对应根据所提供的访问级别预先确定的权限和返回内容。

例如，内部 API 调用应该能够完整地访问系统内的数据，即系统内相互对话的应用程序或服务。为提供这种访问权限，应用程序需要一个独特的标识符，让系统知道提出请求的是已获授权的应用程序或服务。此时，应用程序加固和 API 有所重叠。如果进行了合理的设计和加固，系统或服务就会知道自身正在通过一个内部 ID 与自己对话，这个 ID 会按一定的时间间隔或在每次进行内部 API 调用（如令牌化）时轮换或变更，而且该系统或服务可以根据企业、合规和信息安全团队确定的数据分类和保护要求，安全地返回所请求的数据。

外部 API 调用用户则会获得分配的 ID（一个可识别不同开发人员或请求者的 GUID 或哈希值）。接着，该值将用来比较角色或权限矩阵，从而确定请求者是否拥有正在调用的 API 的权限或访问权。如果已授予权限，API 将返回所请求的信息。如果未授予权限，API 可能返回错误消息或 NULL。

为确保 API 一直安全，应定期对其进行审查。

2.8.2 Web 服务

Web 服务是在互联网上提供的一种资源，可支持网络上的机器与机器之间的互操作。Web 服务通常使用简单对象访问协议 (Simple Object Access Protocol, SOAP)，这是一种通过 HTTP 请求共享 XML 数据的消息传递协议。

2.9 跟踪技术

跟踪和监控技术变得无处不在，而且往往难以察觉。[19] 企业和公众正在广泛使用无人机、RFID 标签、CCTV、GPS 跟踪器和其他类型的监控专用技术。此外，个人在业务和个人活动中使用的智能手机、平板电脑和技术中也内置了各种跟踪软件和固件。这些跟踪和监控功能带来了新兴的隐私风险。因此，跟踪和监控技术会带来风险，这些风险可分为**图 2.14** 所示的隐私类型，采用跟踪和监控政策的企业必须考虑并妥善处理这些风险。[20]

网站跟踪是在个人使用互联网时收集其数据的一种方式。跟踪的目的是建立有关个人用户的丰富档案。收集数据的企业可以对特定用户进行更有效的营销和销售，也可以将收集的数据分享或出售给数据聚合商，由他们建立更全面的用户档案。聚合的数据通常会出售给根据用户档案寻找特定目标客户的企业。大多数在线 Cookie 都能达到这个目的。

虽然大多数跟踪技术的目的是为公司提供有针对性的销售线索，但用户档案可用于更险恶的用途。根据所收集的个人数据深度，可以推断出许多有关政治、宗教、性别和财务的信息。这种推断可直接用来向消费者传递他们可能进行消费或关注的话题消息。这会导致传播错误信息及选择性的群体操纵。[21]

Web 跟踪技术一年比一年复杂。此外，整合所收集数据的方法也发生了变化，可以创建出非常详细的档案。这些技术中最容易理解的一项技术是 Cookie，它可以跟踪很多内容：

- 用户在搜索引擎的查询内容。
- 用户访问的站点。
- 用户对某个站点的回访频率。
- 用户点击的内容。
- 用户在某个站点停留的时间。
- 用户在浏览页面时的滚动速度。

- 用户停止的位置。
- 鼠标在 Web 页面上的移动。
- 用户可能在某个站点或社交媒体上发出的评论和回应。

Web 跟踪的常见用途包括：

- **统计和可用性：** 很多跟踪器可以评估网站的使用情况，并帮助开发人员和营销团队优化站点设计和内容，从而给人留下印象并促进与站点之间的互动。
- **电子商务：** 跟踪技术用于跟踪购买的商品、放弃的购物车、销售活动、对广告的反应（A-B 测试）和定价。
- **剖析和定向营销：** 一些网站允许第三方广告商跟踪用户，并根据他们的在线档案（广告网络、新闻和社交媒体）向他们展示广告。

图 2.14 描述了与跟踪和监控技术相关的隐私风险。

隐私类型	风 险
个人隐私	现在，各种各样的跟踪和监控设备层出不穷，它们可穿戴在个人身上或置于人体内，用于各种安全授权活动
行为和行动的隐私	跟踪和监控技术的本质意味着在大多数情况下都能够确定数据主体的行为和行动
思想感情的隐私	多类跟踪和监控技术都能捕捉到技术使用范围内的个人思想和感受，例如，网络摄像头能够秘密记录使用笔记本电脑的个人的谈话和图像
通信隐私	近年来，世界各地屡次爆出使用跟踪和监控技术审查在线通信的事件。语音通信和谈话窃听也无孔不入
数据和图像（信息）的隐私	通过跟踪和监控手段可以获得无限制的信息
位置和空间（区域）的隐私	几十年来，监控技术一直被用来记录镜头和麦克风可触及范围内的活动，以及执行这些活动的个人。监控技术还在不断演变。例如，无人机现在也被用于监控
关联信息的隐私	跟踪和监控技术揭露个人之间关联的能力日益强大

图 2.14 — 与跟踪和监控技术相关的隐私风险

资料来源：ISACA，《ISACA 隐私原则和计划管理指南》，美国，2016 年

跟踪技术影响着人们的在线和离线隐私，往往成为误用和滥用的攻击目标。随着可定位智能设备的发明，跟踪用户及其行动变得更容易、更普遍，成本更加可承受。政府、员工和零售商如今拥有各种各样的嵌入式工具和跟踪能力，可以用来监测人们的行动。

2.9.1 跟踪技术的类型

下面将讨论跟踪技术的类型。

Cookie

Cookie 是用户访问网站时下载的一串文本。使用 Cookie 是为了让网站能够识别返回的用户、用户在网站上的偏好和设置。Cookie 还可以监控和提供有关用户与网站互动的数据。全球隐私法将 Cookie 分为三种不同的类别。[22] **图 2.15** 描述了这些 Cookie 类别。

类 别	类 型	描 述
持续时间	会话 Cookie	这类 Cookie 是临时性的，只存在于活动的浏览会话
	持久性 Cookie	这类 Cookie 会存储在机器上，直到被删除为止。虽然持久性 Cookie 有过期日期，但其持续时间可能从几小时到几年。根据电子隐私权指令，持久性 Cookie 的持续时间不应超过 12 个月
来源	第一方 Cookie	这是在用户访问网站时放置在机器上的 Cookie
	第三方 Cookie	这是由第三方放置在用户电脑或设备上的 Cookie。这类 Cookie 通常是广告、跟踪或分析 Cookie
目的	必要 Cookie	这类 Cookie 是确保用户当前访问的网站正常运行所必需的 Cookie 这类 Cookie 通常是第一方 Cookie，能够为最终用户带来最佳的浏览体验（如记住购物车中的商品） 虽然不需要就必要 Cookie 征求同意，但网站应在其 Cookie 政策中解释这类 Cookie 的使用及必要性
	偏好 Cookie	这类 Cookie 允许网站记住用户对所访问网站的选择、选项和偏好。这类 Cookie 并非使用网站所必需的 Cookie，但可以提供便利和增强 Web 体验
	统计 Cookie	这类 Cookie 收集用户与网站互动方式相关的信息（访问的页面、鼠标点击等）。统计 Cookie 收集的数据会被汇总用于详细分析 这些数据并不能识别特定用户，但可以为网站主机提供必要的统计数据和运营分析，从而优化 Web 体验
	营销 Cookie	这类 Cookie 会跟踪用户的在线活动，并帮助广告商为个人 Web 用户提供更具体和更有针对性的广告 通常，这些 Cookie 会在营销或数据聚合服务（数据经纪商）之间共享其数据。这类都是第三方 Cookie，并会一直持续存在，直到被删除

图 2.15 — Cookie 类别

跟踪像素

跟踪像素是由一个像素构成并被嵌入网站上（不可见）的 1×1 透明图像。在用户访问启用了跟踪像素的网站时，跟踪像素会被下载到用户的本地机器上。这可以让跟踪像素的发送人了解某个 Web 页面被加载，某个广告被观看，或者某封电子邮件被打开等情况。跟踪像素所检索的典型信息包括：

- 机器的操作系统。
- 使用的浏览器或邮件程序。
- 访问网站的时间。
- 读取电子邮件的时间。
- 用户在所访问的网站上的行为。
- 用户的 IP 地址和位置。

数字指纹识别/浏览器指纹识别

数字指纹识别是指利用应用程序或网站来获取用户的机器和系统设置信息。在使用该技术时，网站或应用程序可以获取以下信息：

- 本地机器的位置、时区和语言设置。
- 加载或使用的浏览器插件。
- 系统配置（如主板、显卡、网卡或 Wi-Fi）。
- 屏幕尺寸、分辨率和比特深度。
- 使用的字体。
- 微处理器序列号或处理器类型。
- 硬盘类型和序列号。

将这些信息结合使用后就会形成特定用户的数字指纹。这种技术能精准识别在线的用户及其系统。使用数字指纹可以规避 VPN、代理和禁用 Cookie。

GPS 跟踪

大多数移动设备都包含 GPS，该功能可以让设备利用 GPS 坐标精确定位。GPS 可以帮助旅行者通过 Google Maps 和 Apple Maps 等应用程序找到自己的路线。公司提供的手机中的 GPS 可轻易追踪设备位置，进而追踪到持有该设备的员工的位置。

射频识别

射频识别使用无线电波来识别有限半径内的带标签物品。标签由微型芯片和天线组成。微型芯片用来存储信息和标识产品的 ID，天线则用来向 RFID 读取器传送信息。

标签可用于根据直接产品标识或载体标识来识别物品。对于载体标识，物品的 ID 是手动输入系统的（例如，使用条形码），并与策略性放置的射频读取器一起使用以追踪和定位物品。

如果 RFID 系统出于非预期目的使用被视为是个人识别信息，个人隐私权或期望值可能受到侵害。个人携带功能标签也存在隐私风险，因为随身携带可导致对附带标签物品的跟踪，进而跟踪个人。

C 部分：技术隐私控制

技术隐私控制指用来处理个人数据的信息技术。隐私控制可包括：

- 通信和传输协议。
- 加密、哈希运算和去身份识别。
- 密钥管理。
- 监控和日志记录。
- 身份和访问管理。

技术控制在项目开发过程和技术基础出现重大变更时在技术基础中实施。

2.10 通信和传输协议

通信协议指计算机之间用来相互通信的一套规则。该协议定义了计算机之间相互发出的信号，以及如何开始和结束通信等方面的细节。

传输协议是一种通信协议，负责建立连接并确保所有数据可安全到达。开放系统互联 (Open Systems Interconnection, OSI) 模型的第 4 层对该协议进行了定义。通常，传输协议这个术语意味着传输服务，包括将数据包从一个节点移动到另一个节点的下层数据链路协议。

网络允许系统和应用程序进行通信的方式十分复杂。OSI 模型定义了实施协议的七层网络框架。该模型中的每一层负责执行特定的工作，然后将数据传递给下一层。该模型中的前四层 (1~4) 被视为下层，涉及数据的传输。第 5~7 层为上层，包含应用程序数据。各层定义如下：[23]

- **第 7 层应用层：**这一层全部与应用有关。这一层为文件传输、电子邮件和其他网络服务提供应用服务。第 7 层包括浏览器、NSF、Telnet、HTTP 和 FTP 协议。在这一层中，将会识别通信伙伴、考虑用户身份认证和隐私，以及识别对数据语法的任何限制。
- **第 6 层表示层：**这一层有时被称为“语法层”，其功能是将数据转化为应用层可以接受的形式。这一层对要在网络上发送的数据进行格式化和加密。
- **第 5 层会话层：**这一层负责建立和管理应用程序之间的会话/连接。所有连接都从这一层发起、管理和终止。
- **第 4 层传输层：**这一层实现系统或主机之间的数据传输。这一层负责端到端的错误恢复和流控制，并确保系统之间实现完整的数据传输。
- **第 3 层网络层：**这一层为节点与节点之间的传输提供虚拟电路（交换和路由）。这一层的功能包括路由、转发、寻址、网络互联、拥塞控制和错误处理。
- **第 2 层数据链路层：**数据链路层将数据包编码和解码成比特。这一层提供传输协议的知识和管理，并处理流控制和帧同步。这一层分为两个子层：介质访问控制 (Media Access Control, MAC) 层和逻辑链路控制 (Logical Link Control, LLC) 层。MAC 层控制网络上的设备如何获取数据访问权限和传输权限。LLC 层控制帧同步、流控制和错误检查。
- **第 1 层物理层：**物理层提供在载波上发送和接收数据所需的硬件。这一层使网络硬件能够接收信号（无线电、光或电脉冲）并在网络上传输信号。这一层包括电缆、网卡及数据传输所需的其他物理介质或硬件。

2.10.1 通信协议的类型

常用通信协议：

- 超文本传输协议 (Hypertext Transfer Protocol, HTTP) 用于访问和接收互联网上的超文本链接标示语言 (Hypertext Markup Language, HTML) 文件。
- 简单邮件传输协议 (Simple Mail Transfer Protocol, SMTP) 用于在计算机之间传输电子邮件。
    - 邮局协议版本 3 (Post Office Protocol version 3, POP3) 是最常见的个人电子邮件账户类型。当电子邮件被读取时，消息通常会从服务器上删除。
    - 互联网消息访问协议 (Internet Message Access Protocol, IMAP) 是一种用于电子邮件检索和存储的协议，是 POP 的替代方案。
- 文件传输协议 (File Transfer Protocol, FTP) 用于显示要在设备之间复制的文件。
- 传输控制协议 (Transmission Control Protocol, TCP) 确保跨网络传递信息数据包。
- IP 负责逻辑寻址（称为“IP 地址”），以便在网络之间路由信息。
- 点对点协议 (Point-to-Point Protocol, PPP) 是一种数据链路（第 2 层）协议，用于建立两个节点之间的直接连接。

2.10.2 局域网

局域网 (Local Area Network, LAN) 覆盖小的局部区域，如从一个房间里的几台设备到跨越几栋大楼的网络。随着价位合理的带宽的增加，已经降低了为各种规模的企业提供具有成本效益的 LAN 解决方案的设计工作量。

新的 LAN 几乎都通过交换以太网 (802.3) 实施。双绞线（100-Base-T 或更高速度）和无线 LAN (Wireless LANs, WLAN) 将落地式交换机连接到附近区域中的工作站或打印机。落地式交换机可通过 1000-Base-T 网线或光纤互连。在大型企业中，落地式交换机可能连接到旨在正确路由交换机到交换机数据的更大更快交换机。

随着 LAN 规模和流量的增长，仔细计划网络逻辑配置变得越来越重要。网络规划师需要具有极高的技能和广博的知识。可供使用的工具包括可观察关键链路流量的流量监控器。跟踪流量、错误率和响应时间对大型 LAN 的重要性完全不亚于对分布式服务器和大型机的重要性。

LAN 拓扑结构与协议

LAN 拓扑结构定义如何从物理角度布置网络，而协议则定义系统如何解释通过网络传输的信息。以前，LAN 物理拓扑结构和用于通过线缆传输信息的协议有着相当紧密的联系。如今，这种情况已不复存在。对于现行技术，物理拓扑结构由易于构建、可靠性及实用性驱动。在过去常用的物理拓扑结构中（总线、环形和星形），只有星形结构适用于任何规模的新建工程。**图 2.16** 介绍常用的物理拓扑结构。

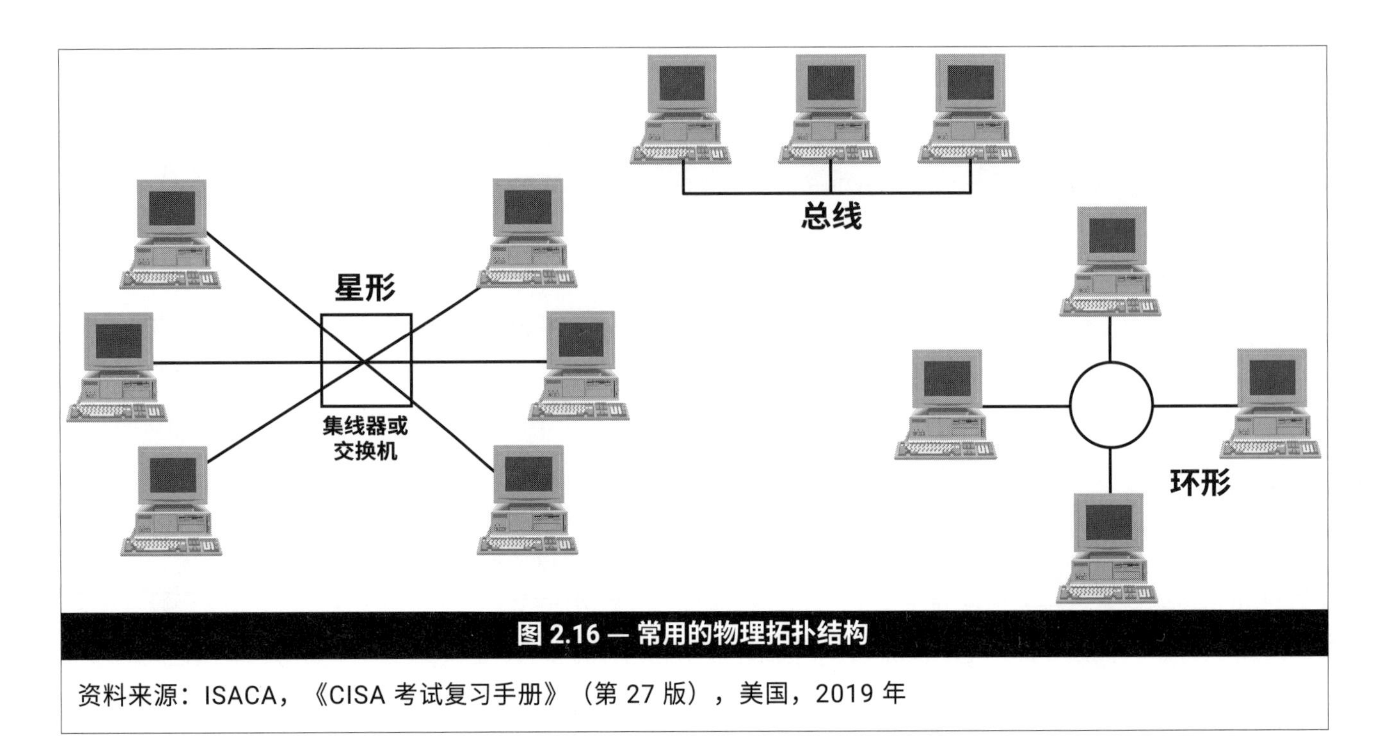

图 2.16 — 常用的物理拓扑结构

资料来源：ISACA，《CISA 考试复习手册》（第 27 版），美国，2019 年

LAN 组件

常与 LAN 相关的组件有中继器、集线器、网桥、交换机和路由器。

中继器是扩展网络范围或将两个独立网络段连接起来的物理层设备。中继器对来自网段的信号进行放大（再生），以补偿传输过程中信号强度下降（衰减）导致的信号（模拟或数字）失真。

集线器是用作星形拓扑结构网络中心或网络集线器的物理层设备。集线器可以是主动式（重复通过它们的信号）或被动式（只是分离信号）。

网桥是数据链路层设备，用于连接 LAN 或根据一个网络段创建两个独立的 LAN 或 WAN 网络段，以减少碰撞域。在 OSI 参考模型的数据链路层之下，两个网络段分别用作不同的 LAN，但从该层开始往上，它们用作一个逻辑网络。向目的地传输帧时，网桥用作存储转发设备。这是通过分析数据包的 MAC 报文头（代表 NIC 的硬件地址）来实现的。网桥还可根据第 2 层信息过滤帧。例如，它们可阻止来自预定义的 MAC 地址的帧进入特定网络。网桥基于软件，其效率低于基于硬件的同类设备（如交换机）。因此，在如今的企业网络设计中，网桥并不属于主要组件。

第二层交换机是数据链路层设备，可划分和互连网段，帮助降低以太网络中的碰撞域。此外，交换机还基于第 2 层 MAC 源和目的地地址，在网段之间存储和转发帧、过滤和转发数据包，就像网桥和集线器在数据链路层执行的操作一样。交换机通过使用更复杂的数据链路层协议来提供比网桥更强大的功能，这些协议是通过称为专用集成电路 (Application-Specific Integrated Circuits, ASIC) 的专用硬件实现的。这项技术的优点在于通过降低成本、缩短延迟或空闲时间、提高交换机上具有专用高速带宽功能（例如交换机上的许多端口都可提供 10/100 兆以太网和/千兆以太网速度）的端口数量获得运行效率。

交换机也适用于 WAN 技术规范。

路由器类似于网桥和交换机，因为它们都连接两个或多个物理上独立的网段。但通过路由器相连的网段在逻辑上保持相互独立并可以用作独立的网络。路由器通过检查网络地址（编入 IP 数据包中的路由信息）在 OSI 模型的网络层运行。通过检查 IP 地址，路由器可以做出明智的决定，以将数据包指向其目的地。不同于在数据链路层运行的交换机，路由器采用基于逻辑的网络地址，使用与所有端口断开的不同网络地址/网段，封锁广播信息，拦截通向未知地址的信息传输，并根据网络或主机信息过滤通信。

路由器的效率通常不如交换机高，因为路由器一般是基于软件的设备，会对通过的每个数据包进行检查，而这会导致网络中出现重大瓶颈。因此，要仔细考虑路由器在网络中的位置。出于运行效率考虑，应在网络设计中充分利用交换机，并对网络中的其他路由器应用负载均衡原则。

交换机技术的进步可让交换机在 OSI 模型的第 3 层和第 4 层运行功能。**第 3 层交换机**的性能要远优于第 2 层交换机 —— MAC 寻址，像路由器一样在 OSI 模型的网络层发挥作用。第 3 层交换机着眼于传入数据包的网络协议（例如 IP）。这层交换机会比较目的地 IP 地址与其表中的地址列表，从而主动计算将数据包发送到目的地的最短路径。这将创建一条虚拟电路，即交换机有能力在其内部分割 LAN，在传送数据时，它会在接收和传输设备之间创建通路。随后，交换机将数据包转发至接收者的地址。这样做的附加益处是减小了网络广播域的范围。广播域是指一个或多个域分段，消息可使用特殊的常用网络地址范围（也称为广播地址）对域分段中连接的所有设备寻址。这属于特定网络管理功能需求。

随着广播域的不断扩大，这可能导致性能故障，以及涉及网络内部信息泄露的重大安全问题（例如枚举网络域、域内的特定计算机）。广播域应当是有限的，其范围应与企业内的业务职能部门/工作组保持一致，以降低将信息泄露给无须知道之人的风险。如果泄露了信息，系统可能成为攻击目标，从而导致漏洞遭人利用。路由器与第 3 层交换机之间的主要区别在于，路由器使用微处理器执行数据包交换，而第 3 层交换机使用应用程序 ASIC 硬件执行交换。

在创建独立的广播域时，第 3 层交换机可推动建立虚拟局域网 (Virtual LAN, VLAN)。VLAN 是位于一个或多个逻辑分割的 LAN 上的一组设备。VLAN 通过在交换机上配置端口进行设置，因此，尽管这些设备位于不同的 LAN 网段中，但这些端口所连接的设备可以像连接到同一物理网段一样进行通信。VLAN 基于逻辑连接，而非物理连接，因此，具有很高的灵活性，这种灵活性使得管理员可以将网络资源的访问限制在特定用户，并可以对网络资源进行分段以获得最佳性能。

2.10.3 TCP/IP 及其与 OSI 参考模型的关系

TCP/IP 协议族是互联网约定俗成的标准。TCP/IP 协议族包含面向网络的协议和应用程序支持协议。**图 2.17** 显示了与 TCP/IP 协议族相关的一些标准在 OSI 模型中的位置。值得指出的是，TCP/IP 协议族是在 ISO/OSI 框架之前开发的。因此，TCP/IP 标准与该框架的各个层之间并没有直接的匹配。

TCP/IP 互联网万维网服务

用户访问互联网上资源最常用的方法是通过 TCP/IP 互联网万维网 (World Wide Web, WWW) 应用程序服务。

要访问网站，用户需要将该站点的位置输入浏览器的统一资源定位符 (Uniform Resource Locator, URL) 空白处，或者单击连接该站点的超文本链接。URL 用于识别 WWW 上特定资源所在的地址。

Web 浏览器将查找该站点的 IP 地址，并通过 HTTP 发送对该 URL 的请求。此协议定义了 Web 浏览器和 Web 服务器之间的通信方式。有关 URL 组件的说明，如**图 2.17** 所示。

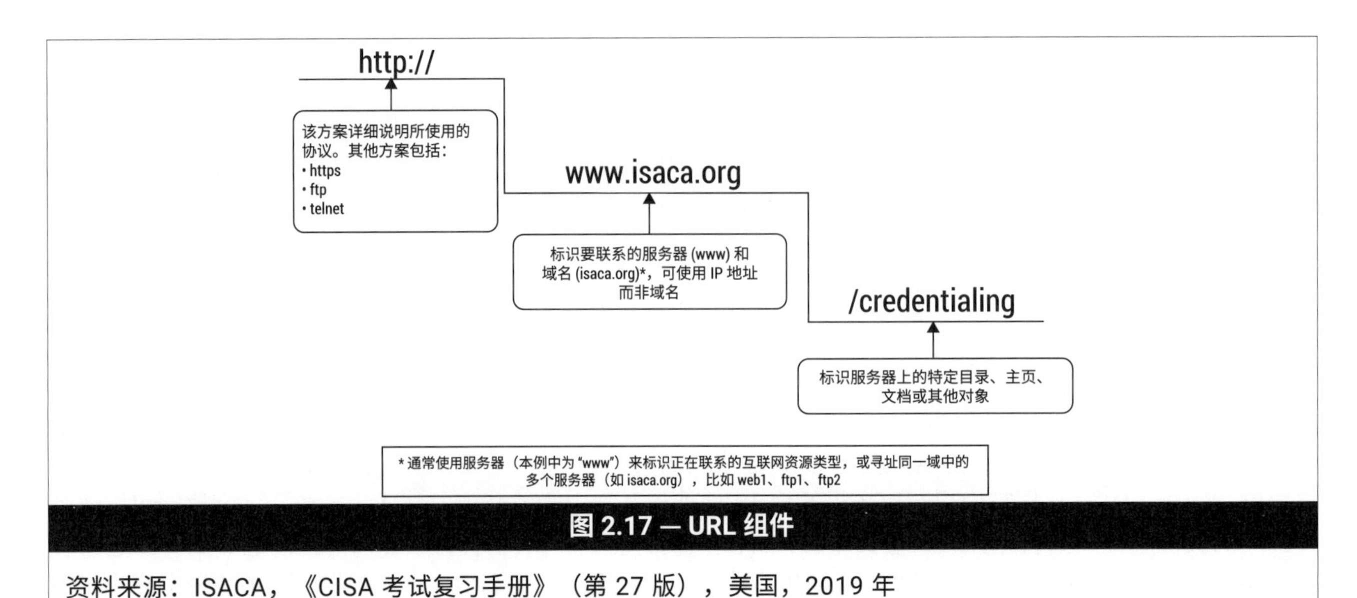

图 2.17 — URL 组件

资料来源：ISACA，《CISA 考试复习手册》（第 27 版），美国，2019 年

URL 可用于访问其他 TCP/IP 互联网服务，例如：

- ftp://isaca.org
- telnet://isaca.org

URL 是互联网上特定资源（例如页面、数据）或服务的位置。在本例中，资源是名为 "credentials" 的网页，位于 ISACA 的 Web 服务器上。此请求通过互联网发送，路由器将请求传送到寻址的 Web 服务器，该服务器激活 HTTP 协议并处理请求。当服务器在其资源中找到所请求的主页、文档或对象时，会将请求发回 Web 浏览器。如果是 HTML 页面，发回的信息中包含数据和格式规范。这些程序以由客户端 Web 浏览器执行并生成显示给用户的屏幕的形式出现。服务器发送页面后，HTTP 连接会关闭，稍后还可重新打开。**图 2.18** 显示了该路径。

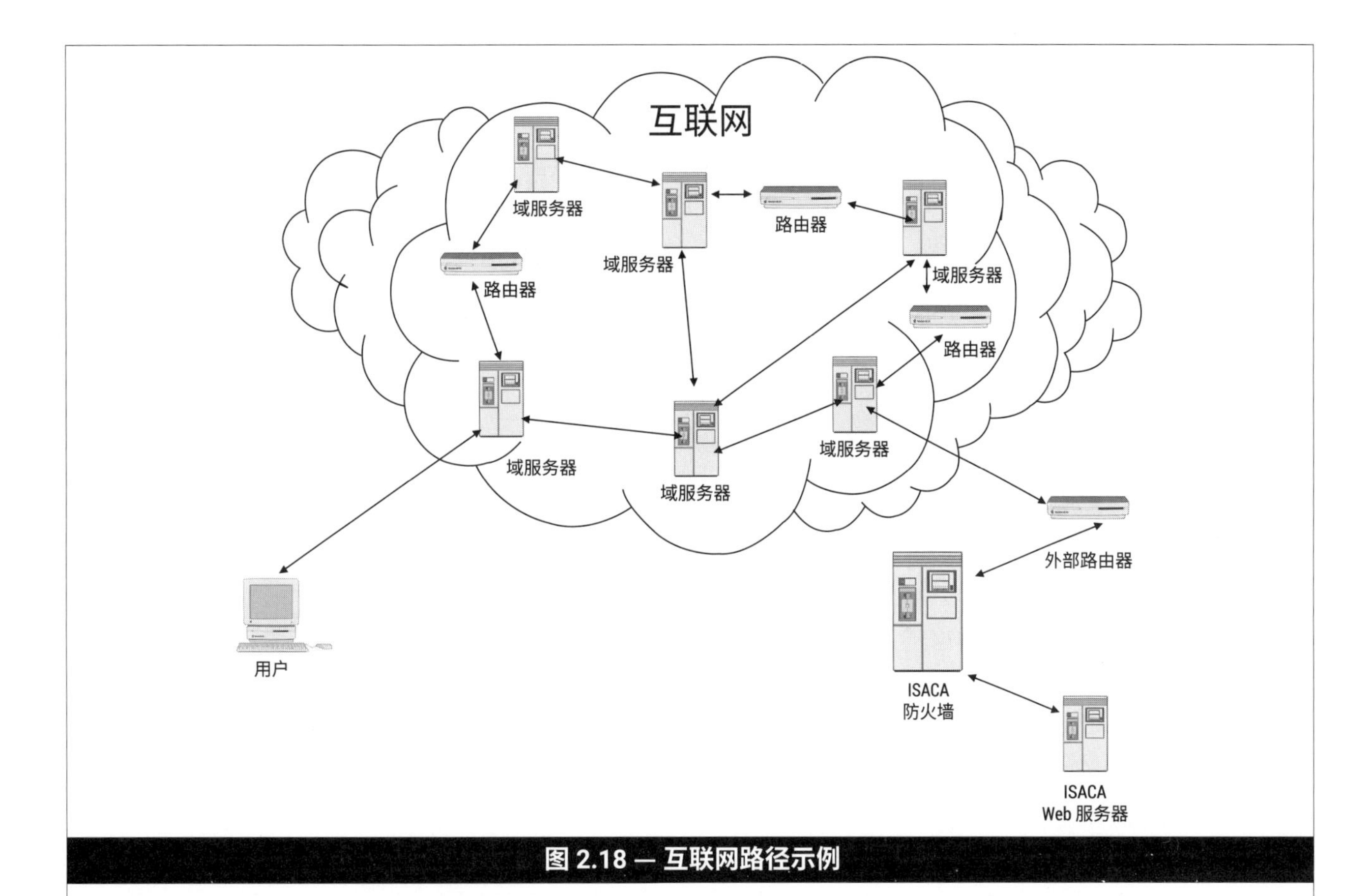

图 2.18 — 互联网路径示例

资料来源：ISACA，《CISA 考试复习手册》（第 27 版），美国，2019 年

Cookie 是 Web 浏览器存储的消息，用于识别用户并为其准备定制的网页。根据不同的浏览器，具体的实施方式可能有所不同，但过程如下：用户首次进入使用 Cookie 的网站时，可能被要求完成一个注册的过程，如填写一个提供姓名、爱好等信息的表格。Web 服务器将随信息（HTTP 报头中的文本信息）发回一个 Cookie，并作为文本信息由浏览器保存。之后，无论何时该用户的浏览器向该特定服务器请求页面，该 Cookie 信息都将被发回到服务器，从而生成基于该用户特定兴趣和偏好的定制视图。由于 HTTP 协议本身不支持会话的概念，因此 Cookie 是一项非常重要的功能。Cookie 使 Web 服务器得以识别连接的是已知用户还是新用户，并跟踪之前发送给该用户的信息。但是，浏览器使用 Cookie 可招致安全漏洞和个人信息失窃（例如，用于验证用户身份和启用受限 Web 服务的用户密码），引发隐私和安全问题。

Applets 是使用与平台无关的可移植计算机语言（例如 Java、JavaScript 或 Visual Basic）编写的程序。如果浏览器没有妥善控制小程序，小程序将使用户的计算机暴露于风险之中。例如，应将用户的浏览器配置为不允许小程序在未经用户事先授权的情况下访问计算机的信息。

Servlets 是 Java 小程序或者是在 Web 服务器环境中运行的小程序。Java 小服务程序类似于 CGI 程序。与 CGI 程序不同的是，它一旦启动，便会留在内存中并可处理多个请求，从而节省服务器执行时间并加快服务速度。

书签是用以识别文档或文档中特定位置的标记或地址。

无线局域网

WLAN 是一组无线网络设备，在有限的操作区域（如办公楼）内使用无线电波进行无线数据交换。WLAN 的安全性取决于其各个组件 [客户端设备、接入点 (Access Point, AP) 和无线交换机] 的配置情况。NIST 建议企业实施其准则以提高 WLAN 的安全性。[24]

- 对常见的 WLAN 组件（客户端设备和 AP）使用标准化的安全配置。
  - 基于组织安全要求和行业最佳实践的标准配置可减少漏洞，并最大限度地降低攻击得逞带来的影响。在将 WLAN 组件添加至系统时，标准化配置可以减少实施 WLAN 组件保护所需的时间。
- 在进行 WLAN 安全设计时，需要考虑整个网络，而不仅仅是 WLAN 的安全。
  - WLAN 是企业网络的一部分，通常由有线和无线通信组成。
  - 需要有线网络访问的 WLAN 应该仅允许使用要求的协议访问有线网络上的必要主机。
  - WLAN 应根据安全概况（来宾和员工）进行隔离。
  - 一个 WLAN 上的设备应该不能访问另一个在逻辑上隔离的 WLAN 上的设备。
- 制定用于双重连接的政策和安全控制。
  - 双重连接指的是同时从有线和 WLAN 连接访问网络的客户端设备。获得双重连接无线设备访问权限的攻击者可以利用该设备攻击有线网络上的系统或资源。
  - 企业在允许设备通过多种连接类型（无线、有线、蜂窝、WiMAX 和蓝牙）访问网络时应考虑相关风险。
  - 需要就企业网络内可接受的使用情况和允许的连接类型制定政策，并向用户通报。应就连接政策的执行、报告和警报实施安全控制。应向所有网络用户提供有关风险和正确使用的培训。
  - 对于无法缓解的双重连接风险，可能需要予以禁止。
- 审查并核实 WLAN 客户端设备和 AP 的配置是否符合企业的 WLAN 政策。
  - 定期进行配置和政策审查。
  - 实施变更控制，以便在实施配置变更前进行审查。
- 实施监控、日志记录和警报机制，为 WLAN 安全提供支持。
  - 持续实施 WLAN 监控（包括其使用、连接和活动情况），同时实施警报和报告机制。
  - 执行与有线网络相同等级的漏洞监控及测试。
- 对 WLAN 执行安全评估。
  - 应至少每年执行一次全面的安全评估，以评估 WLAN 的总体安全性。
- 除非实施持续监控，否则应该每季度执行一次定期评估。

2.10.4 传输层安全协议

传输层安全协议 (Transport Layer Security, TLS) 是一种在互联网上提供安全通信的加密协议。TLS 是广泛用于浏览器和 Web 服务器之间通信的会话层或连接层协议。除保护通信隐私外，该协议还可提供端点身份认证。该协议允许客户端／服务器应用程序以旨在防止窃听、篡改和消息伪造的方式进行通信。**图 2.19** 提供了 TLS 概述。

图 2.19 — 传输层安全协议概述

资料来源：Ben Hamida, S.；E. Ben Hamida；B. Ahmed；“A New mHealth Communication Framework for Use in Wearable WBANs and Mobile Technologies”，*Sensors*，瑞士，2015 年 2 月 3 日，DOI: 10.3390/s150203379

TLS 包括几个基本阶段：

- 为算法支持进行的对等协商。
- 公钥、基于加密的密钥交换和基于证书的身份认证。
- 基于密码的对称流量加密。

在第一个阶段中，客户端和服务器协商将使用哪种加密算法。当前的实施支持以下选择。

- 对于公钥加密：RSA、Diffie-Hellman、DSA 或 Fortezza。
- 对于对称加密：RC4、IDEA、Triple DES 或 AES。
- 对于单向哈希函数：SHA-1 或 SHA-2 (SHA-256)。

TLS 在 TCP 传输协议之上的层中运行并为应用协议提供安全，但其最常用的还是结合 HTTP 构成安全超文本传输协议 (Secure Hypertext Transmission Protocol, HTTPS)。HTTPS 用于保证应用程序的 WWW 页面安全。在电子商务中，身份认证可能同时用于企业对企业活动（客户端和服务器都要进行身份认证）和企业对消费者交互（只对服务器进行身份认证）。

除了 TLS，安全套接字层 (Secure Socket Layer, SSL) 协议也广泛用于实际应用，但在 2014 年发现它的一个重大漏洞后已被弃用。

TLS 和 SSL 不可互换。

2.10.5 安全外壳

安全外壳协议 (Secure Shell, SSH) 是常用的应用层协议套件。虽然经常用作安全的远程登录应用程序和安全的文件传输应用程序，但它也可以通过 SSH 连接建立特定端口的隧道，以允许本地连接访问远程资源或远程连接访问本地资源。SSH 通常在中间主机（也称堡垒主机）上使用，用于跳转到其他主机，但不需要跳转到远程登录主机本身。

例如，可以将 localhost 上的端口 25 (127.0.0.1) 提供给本地运行的邮件客户端。通过 SSH 协议，可使用 SSH VPN 将这些流量安全地传输到堡垒主机，SSH 客户端再将解密后的流量转发至远程邮件服务器的端口 25。因为一个 SSH 隧道可以一次为多个应用程序提供保护，所以在技术上，它是一个传输层 VPN 协议，而不是应用层协议。

2.11 加密、哈希运算和去身份识别

加密是安全通信的重要部分，被广泛用于企业内的诸多产品和系统，从电子邮件到 VPN、访问控制、备份磁带和硬盘存储。安全使用加密需要正确选择算法、保护加密密钥、随机生成密钥及限制密钥在更改之前的使用时间长度。在许多情况下，违反加密实施规定是由于用户误用或者实施中出错，而不是算法的问题。

2.11.1 加密

加密指将信息转化为秘密代码，以隐藏信息的真实含义。对信息进行加密和解密的学科称为密码学。在计算领域，未加密的数据又称为明文，加密的数据则称为密文。加密是双向函数；被加密的内容可以用适当的密钥解密。

密码学是指加密背后的学科，是将简单可读的纯文本（或明文）数据变更为不可读格式（密文），而只有能访问正确密钥的人能够破译其内容的数学手段。可以加密让任何未经授权的人员无法读取数据，以保护数据的机密性。它通过证明内容未被变更并确认发送人的身份或者同时证明两者来保护数据的完整性。

数据加密给风险管理带来了裨益，包括：

- 机密性。
- 完整性。
- 来源证明（不可否认性）。
- 访问控制。
- 身份认证。

加密有两种基本形式 —— 对称加密和非对称加密，每种都有自己的长处和短处，都能以多种方式来使用。

对称算法

图 2.20 中显示的是对称密钥加密的一个示例。

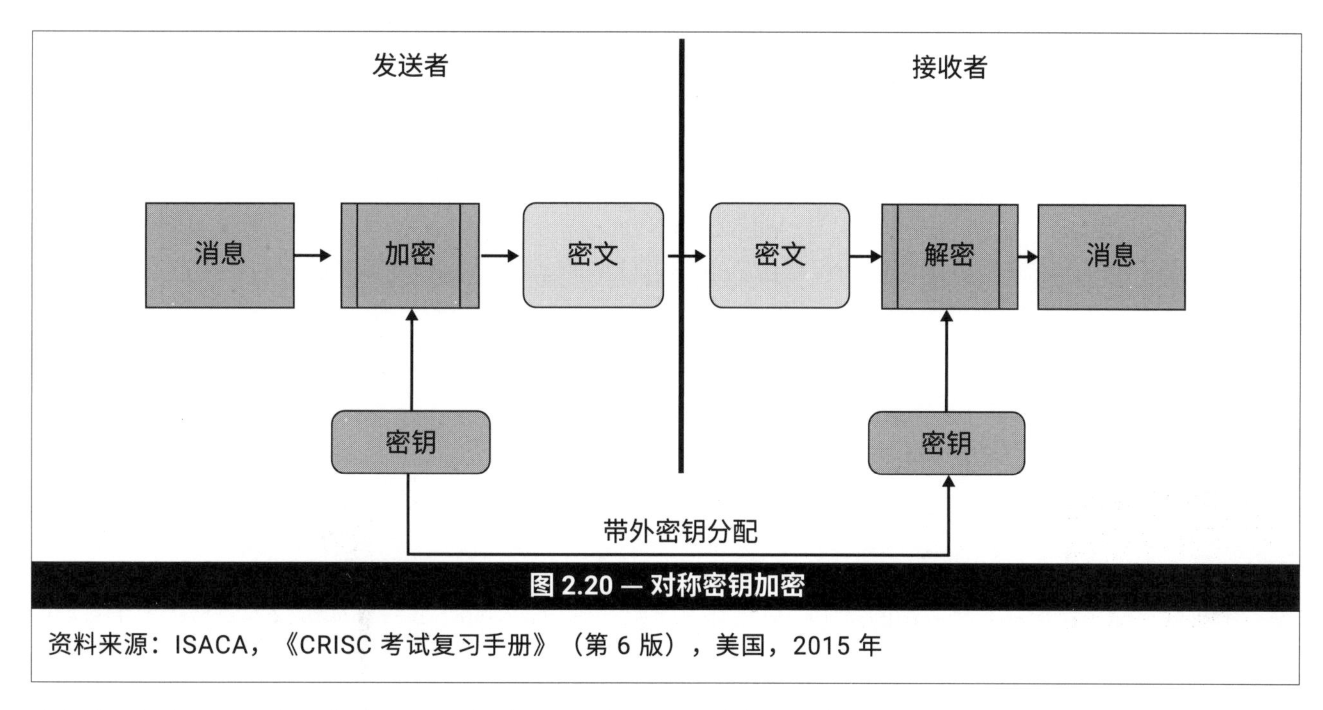

图 2.20 — 对称密钥加密

资料来源：ISACA，《CRISC 考试复习手册》（第 6 版），美国，2015 年

当加密算法使用相同的密钥来加密明文并解密密文时即对称密钥加密。对称密钥加密系统一般比使用不对称技术的系统简单，并且只需用到较低的处理能力，因此对称密钥加密系统非常适合大批量数据加密。

目前，最常用的对称密钥加密系统是高级加密标准 (Advanced Encryption Standard, AES)，它是一种公共算法，称为分组密码，因为是以分组（字符串或组）为单位对明文进行操作的。AES 支持长度为 128 ~ 256 位的密钥。AES 取代了早期数据加密标准 (Data Encryption Standard, DES)（一种 56 位的公共算法），以及在某种程度上提供更强安全性的数据加密标准扩增变体（称为三重 DES 加密）。

因为密钥的长度决定可能的数学组合数目，随着计算机处理能力的不断增强，较短的密钥存在固有安全问题。DES 不是一种强加密解决方案，因为其整个密钥空间可被大型计算机系统使用穷举攻击法在相对较短的时间内攻破。AES 包含大量先进数学技术，比 3DES 生成的密文更强大。尽管如此，由于计算能力不断进步，几乎可以确定任何现役的算法最终都会变得过时。即使最强大的算法与最强密的密钥，也只能够跟密钥管理系统一样安全而已。

对称密钥加密有两个主要缺点。一是没有简便的方法让其中一方把密钥交给其想要与之交换数据的另一方（尤其是在电子商务环境下，客户都是未知和不被信任的实体）；二是因为对称密钥基于一个共同的密钥，还没有办法确定最初是密钥网络中的哪一方制作了此消息。

非对称算法

非对称密钥加密系统是相对比较近期的、为解决对称密钥加密系统问题而开发的系统。

1976 年，Whitfield Diffie 和 Martin Hellman 发表了第一个基于两个不同的密钥的公开加密示例，这是一项称为 Diffie-Hellman 模型的技术。在 Diffie-Hellman 设置中，创建了两个数学相关的密钥：一个私钥和一个公钥。从计算角度上并不能够以一个密钥的值来确定另一个密钥的值，但当它们用于适当的非对称算法中时，每个密钥都有能够创建仅有另一个密钥可以破译出其明文的密文。由于这层关系，以下两件事情便成为可能：

1. 公钥可以自由分发并用以加密任何仅能由其创建者读取的消息，而创建者对解密的私钥拥有唯一的访问权。
2. 因为公钥唯一能解密的是已被私钥加密过的消息，其创建者有独家访问权，任何接收人都可以确认该密钥创建者才是真实的作者。

因为非对称算法使用公钥/私钥对，它们通常被称为公钥算法。使用公钥加密的每一方只需要一对密钥（私钥和对应公钥），并且因为公钥可以自由分发，所以公钥加密克服了对称密钥加密系统可扩展性不足的问题。

相对于对称算法，使用非对称算法的一个缺点是计算密集并缓慢。因此，非对称加密技术通常仅用于对短消息的加密。

事实上，非对称算法最常用的用途是分发对称密钥，然后让参与者将之用于快速和安全的通信之中，如**图 2.21** 所示。

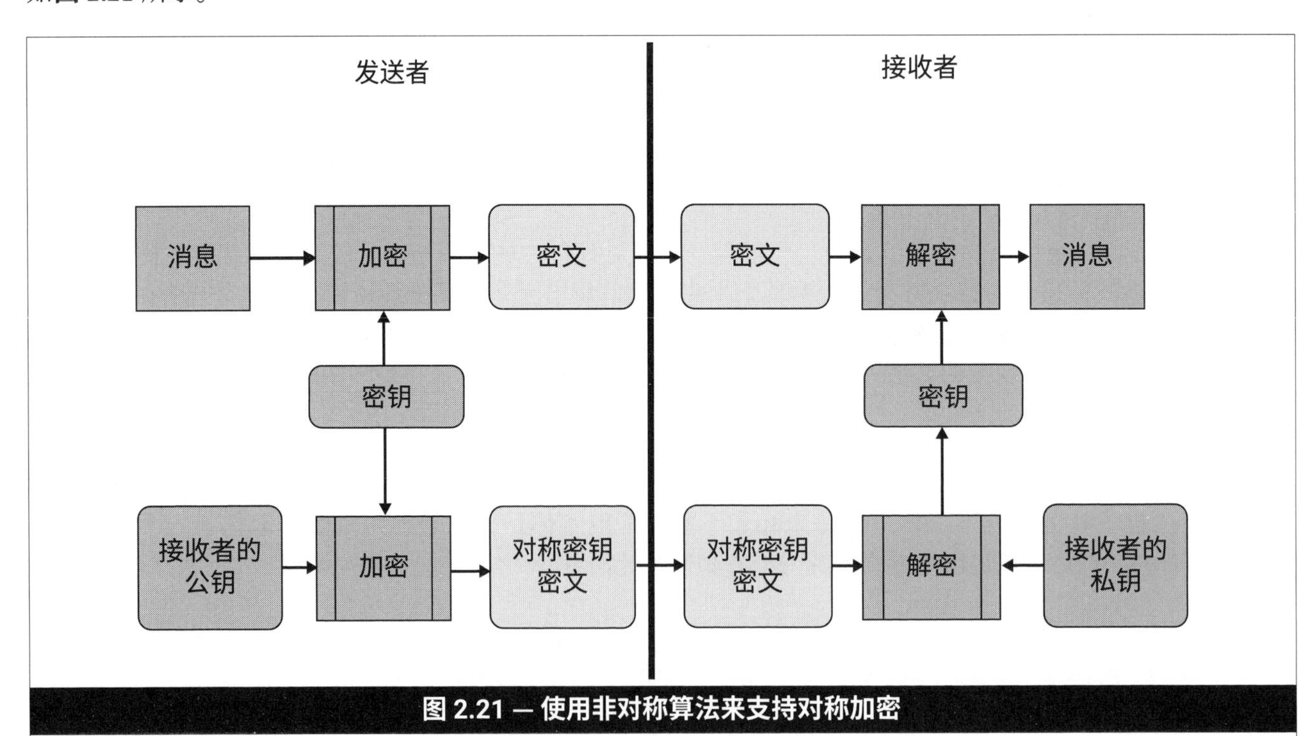

图 2.21 — 使用非对称算法来支持对称加密

资料来源：ISACA，《CRISC 考试复习手册》（第 6 版），美国，2015 年

量子密码学

量子加密法是指将量子计算（基于量子理论的计算机技术）的特性用于加密的可能性，量子密钥分发 (Quantum Key Distribution, QKD) 是最重要的应用。QKD 方案允许在双方之间分发共享的加密密钥，能够检测是否有未获授权的其他方在密钥交换通道上窃听。当有人窃听时，交换通道必然受到干扰，这时就会将交换的密钥标记为受损。

现在已经知道，量子计算可轻松破坏 RSA 加密系统等加密方案的安全性。为了克服这一缺点，已经开发出能够抵御量子攻击的后量子加密算法。

2.11.2 去身份识别

数据去身份识别是指一种涉及移除所有 PII 的数据保护技术。通过去身份识别，可保留数据以用于统计或分析目的，而无须将数据与特定个人绑定。适当的数据去身份识别要求：在将其他外部数据源或数据元素与去身份识别数据结合在一起后，不会产生指向特定个人的标志或参考。

去身份识别的策略包括隐藏个人标识符、泛化（准标识符）、假名和 *k* 匿名化。

假名指用一个临时 ID 替代真实姓名。数据主体的真实标识符会被屏蔽或删除，使个人无法被识别。通过假名，可以跟踪数据主体的生命周期，而且数据可以在不归属于特定个人的情况下用于分析或统计目的。但是，这种方法允许数据记录随着时间推移而更新。在更多数据集被添加到假名化的记录中时，假名化无法阻止重新识别个人。通过添加更多数据元素来创建全面的记录，有可能重新识别数据被假名化的个人。

k 匿名化定义了间接指向个人身份的属性。这些属性被称为准标识符 (Quasi-Identifier, QI)。这个过程将确保至少有 *k* 名个人具有 QI 值的某种组合。QI 值的处理遵循特定的标准。例如，*k* 匿名化用新的范围值替换记录中的一些原始数据，并保持某些值不变。新的 QI 值组合可以防止个人被识别，并避免了需要销毁数据记录。[25]

2.11.3 哈希运算

哈希运算是单向函数，可对明文进行扰乱，以生成唯一的消息摘要。哈希可与密码结合使用。无法通过逆向哈希过程来揭示原始密码。

消息的完整性和哈希运算算法

早期的计算机网络使用的是带宽有限的语音级电话电缆。由于速度缓慢加上信号干扰，必须进行纠错来确保收到的信息和发送的信息匹配。

在检测意外错误方面，奇偶校验位、校验和及循环冗余检查 (Cyclic Redundancy Checks, CRC) 被证明很有效，但这些机制会添加额外的数据到每次传输中。

哈希运算是使用特殊算法的数学数据转换方法，该算法的结果可预测、可重复、完全取决于消息内容且长度固定（无论原始消息的长度如何）。哈希运算从输入消息计算出一个称为摘要、指纹或拇指纹的值，其长度取决于所使用的哈希运算。例如，SHA1 会生成一个 160 位的摘要，而 SHA512 会生成一个 512 位的摘要。

发送人想要确保消息不受噪声或网络问题影响时，可以对消息进行哈希处理，并向接收人发送邮件摘要。接收人可以通过哈希算法运算收到的消息并验证所得的摘要与随消息发来的摘要匹配，如**图 2.22** 所示。

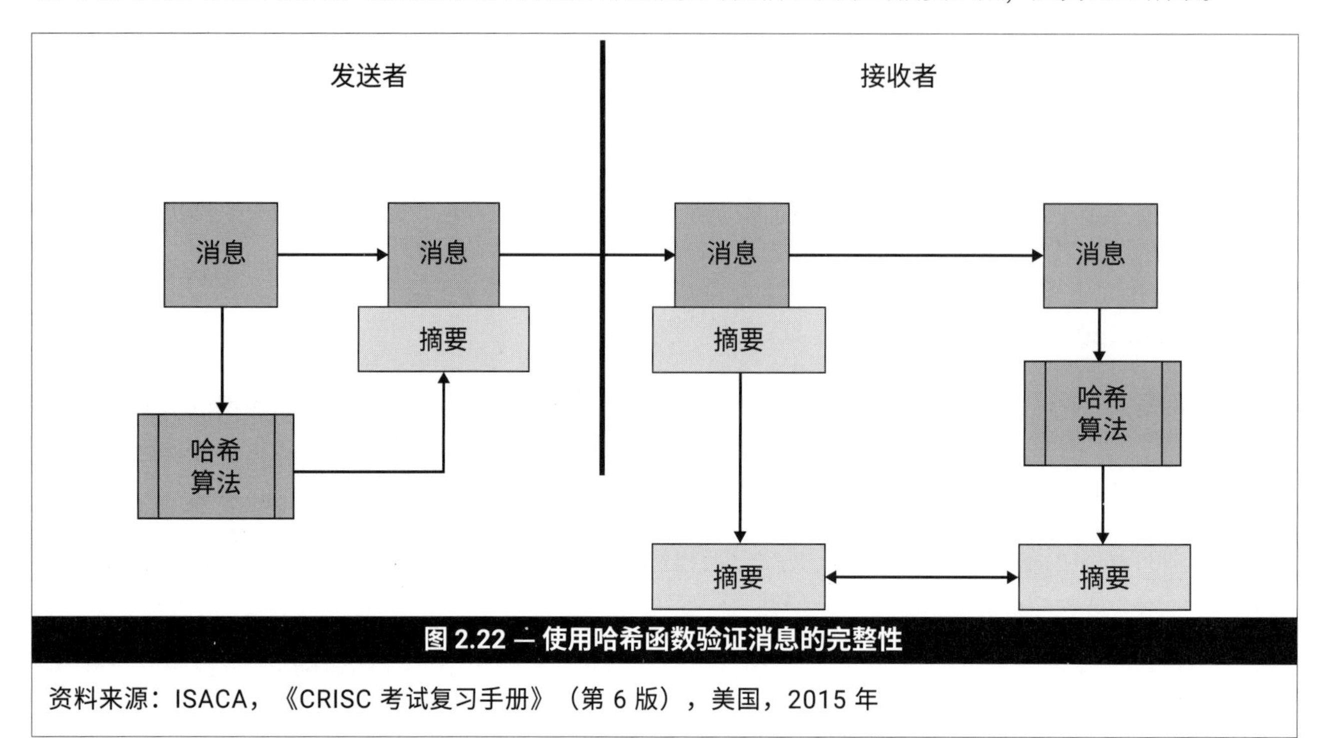

图 2.22 — 使用哈希函数验证消息的完整性

资料来源：ISACA，《CRISC 考试复习手册》（第 6 版），美国，2015 年

哈希运算本身可有效地防止消息意外变更，譬如由干扰引起的意外变更等。然而，截获包括哈希的传输信息并更改消息的恶意用户并不太可能被哈希运算难住，而是会创建一个新的摘要随替换消息一起发送。

数字签名

数字签名可以与带非对称加密功能的哈希函数相结合来验证作者的身份。接收人知道消息没有变更，因为所收到消息的哈希与发送人签署的哈希（摘要）相同。接收人也知道发送人的身份，因为可以用发送人的公钥解密数字签名即代表它已经由发送人的私钥加密过，并且发送人不能堂而皇之地否认，此特性被称为“不可否认性”，这使得数字签名尤其有价值。**图 2.23** 显示了使用数字签名来验证消息完整性和来源证明的示例。

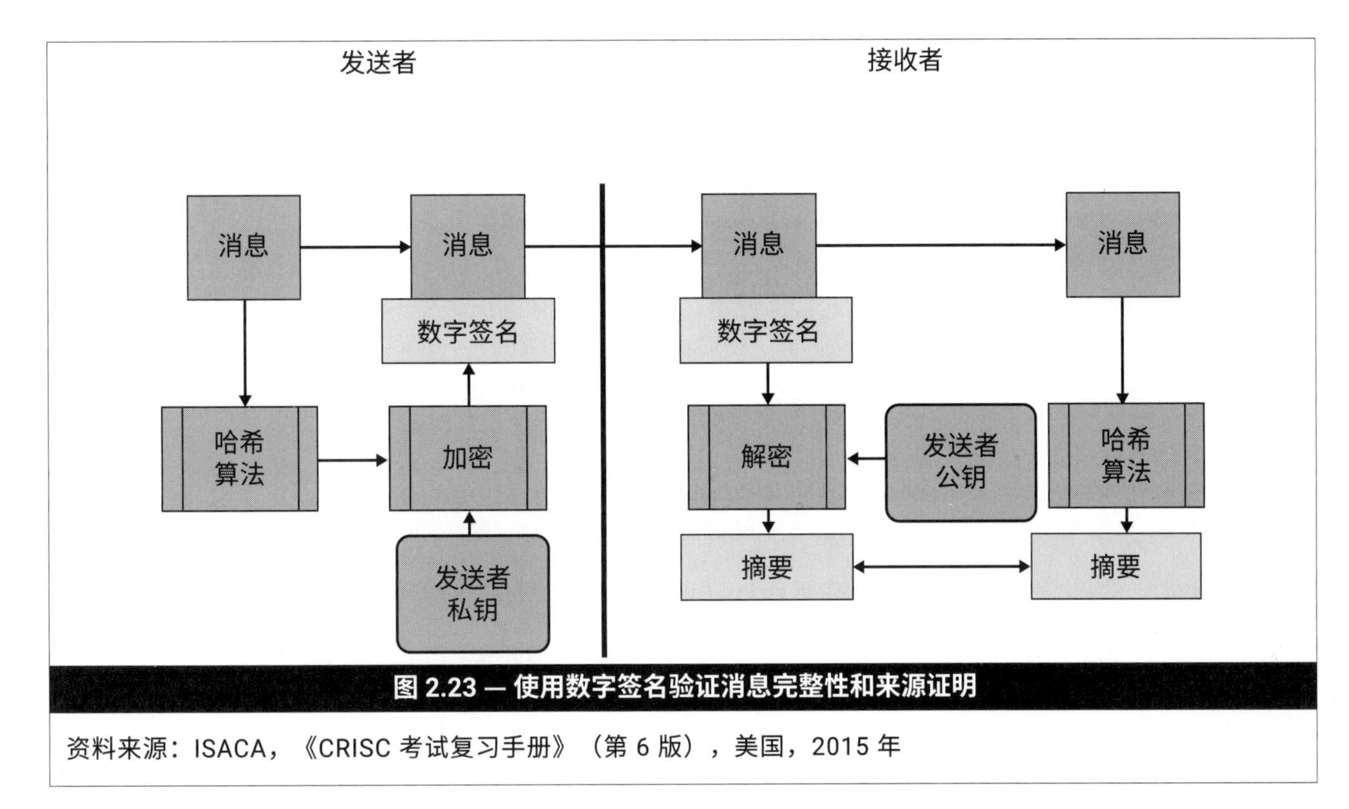

图 2.23 — 使用数字签名验证消息完整性和来源证明

资料来源：ISACA，《CRISC 考试复习手册》（第 6 版），美国，2015 年

对消息进行数字签名并不意味着消息本身是机密的。一个消息可以是加密了但是未签名，或者签名了但是未加密，或者既签名又加密了。只是，既签名又加密了的消息会同时提供机密性、完整性和不可否认性。

数字信封

与数字签名类似，数字信封是一种电子“容器”，可通过使用加密和数据身份认证来保护数据或消息。首先使用对称加密对消息进行编码。然后使用公钥加密来保护用于解码该消息的代码。这为加密提供了更方便的选择。

2.11.4 加密系统的应用

非对称和对称系统可结合起来使用，以充分利用每个系统的特点。一种常见的方案是使用有随机生成的私钥的对称算法来加密数据。然后再使用非对称加密算法将该私钥加密，以便在那些需要访问该加密数据的各方之间安全地分发。这样就可以使安全通信同时享有对称系统的速度和非对称系统的密钥分发便利。此外，由于创建私钥可以不费吹灰之力，可以在只用它处理有限量的数据后再选择一个新密钥。这种方法可以限制恶意第三方破译整套数据的机会，因为他们得攻击多个私钥。此组合方案用在多种协议中，如用于保护 Web 流量的 TLS 1.3（至少是 TLS 1.2）及用于电子邮件加密的安全多功能互联网邮件扩展协议 (Secure Multipurpose Internet Mail Extensions, S/MIME)。在后一种情况下，所生成的文档（加密消息和加密私钥的组合）被称为数字信封。

IP 安全协议

IPSec 用于在两个或更多个主机、子网或主机与子网之间保护 IP 级别的通信安全。

该 IP 网络层数据包安全协议通过传输和隧道模式加密法建立 VPN。对于传输方法，将对称为封装安全有效载荷 (Encapsulation Security Payload, ESP) 的每个数据包的数据部分加密，以实现过程的机密性。在隧道模式中，ESP 负载及其数据头将被加密。要实现不可否认性，会应用额外的身份认证头 (Authentication Header, AH)。在任何一种模式下建立 IPSec 会话时，都要建立安全关联 (Security Association, SA)。SA 定义了在通信方之间使用哪些安全参数作为加密算法、密钥、初始向量、密钥寿命等。在发送主机中定义了一个 32 位的安全参数索引 (Security Parameter Index, SPI) 字段时，会在 ESP 或 AH 头中分别建立 SA。SPI 是可以让发送主机引用安全参数的唯一标识符，该安全参数可以按照说明应用于接收主机上。

通过使用互联网安全联盟和密钥管理协议/Oakley (ISAKMP/Oakley)，利用不对称加密可以让 IPSec 更安全。ISAKMP/Oakley 允许密钥管理，公钥使用，SA 和属性的协商、建立、修改和删除。

对于身份认证，发送者使用数字证书。通过支持 SA 和密钥的生成、身份认证和分配，可以确保连接的安全。

安全多功能互联网邮件扩展协议

S/MIME 是一个标准的安全电子邮件协议，可验证发送人和接收人的身份、消息完整性并确保消息内容（包括附件）的私密性。

2.12 密钥管理

在密码学中，密钥是加密算法中使用的一串字符，用于改变数据，让数据看起来是随机的。如同物理钥匙一样，密钥可锁定（加密）数据，只有拥有正确密钥的人才能解锁（解密）。在计算领域，加密用来保护存储在计算机和存储设备上的数据及在网络上传输的数据。[26]

与加密算法结合时，加密密钥将扰乱文本，让人类无法识别。

加密密钥管理指管理加密密钥的整个生命周期，包括密钥的生成、使用、存储、归档和删除。加密密钥的生成包括从逻辑上和通过用户/角色访问限制对密钥的访问。[27]

2.12.1 证书

公钥加密可以确保只有私钥的持有者可以解密对应公钥加密过的消息，但它无法确认拥有所分发公钥的人的身份。证书的目的是依靠称为认证机构 (Certificate Authority, CA) 的受信任第三方的校验来将公钥与特定所有者联系起来。CA 会生成证书，公钥的所有者可使用证书来证明其所有权。由 CA 创建并签署的证书的接收人就可以确信，该证书中的公钥属于证书指定的人。接收人用该公钥打开数字签名时，就知道该消息是由发送人签名并发送的。

证书的格式基于 X.509 标准，此标准可确保证书能被大多数浏览器和系统访问，即使它们是不同 CA 签发的也一样。每个证书的有效期都有一个限定的时间段，通常为一年，自签发之日起计算。然而，证书的所有者在此期间的任何时候都可以通知 CA 吊销证书，之后 CA 会将证书加入证书撤销清单 (Certificate Revocation List, CRL)。当发出请求要验证 CRL 中的证书时，会收到证书已被撤销的通知，并警告该证书用于验证身份时不应被相信。

2.12.2 公钥基础设施

公钥基础设施 (Public Key Infrastructure, PKI) 是一个加密和网络安全框架，由创建、管理、分发、使用、存储、撤销数字证书和管理公钥加密所需的一套角色、政策和程序组成。PKI 可保护服务器（网站）和客户端（用户）之间的通信。PKI 的工作原理是使用两种不同的加密密钥：公钥和私钥。公钥一般可供任何连接到网站的用户使用。私钥（机密）是在建立连接时生成的唯一密钥。在通信时，客户端使用公钥进行加密和解密，服务器则使用私钥。

正确运行 PKI 需要有几个元素。

- **认证机构：** CA 用于验证用户（服务器、个人、计算机系统）的数字身份。认证机构可防范伪造实体，并管理系统内任意数量的数字证书的生命周期。
- **注册机构 (Registration Authority, RA)：** RA 由 CA 授权，根据具体情况向用户提供数字证书。所有经 CA 和 RA 请求、接收和撤销的证书都会存储在加密的证书数据库中。
- **证书存储区：** 证书存储区是一台用作存储空间来存储所有相关的证书历史记录（证书历史记录、私有加密密钥）的特定计算机。

将这些元素托管在安全的框架上时，在有必要实施数字安全（数字签名、加密文档、智能卡登录等）的情况下，PKI 可以保护所用的身份和私密信息。

PKI 的服务或功能包括：

- **身份认证：** 这被定义为一种识别方法，并通过使用数字证书提供。
- **不可否认性：** 信息发送者不能在之后否认发送过信息或不承认所发送的信息。不可否认性确保了电子文档的所有权。PKI 通过使用数字签名来推动这一点。

PKI 加密

PKI 使用非对称和对称加密。对称加密保护各方之间在最初交换时生成的私钥。该私钥必须从一方传给另一方，以便所有参与方都能解密交换的信息。

2.13 监控和日志记录

监控和日志记录共同运作，提供一系列跟踪 IT 基础设施运行状况和性能的信息：[28]

- **监控工具**可以显示应用程序的执行情况。
- 通过应用程序、网络基础设施和网络服务器的**日志数据**，可以更好地洞察为什么应用程序以现有方式运行。

从隐私的角度来看，监控和日志记录提供了识别信息或系统的问题、滥用和误用所需的信息。虽然在利用监控和系统/应用程序日志时，数据隐私并非首要考虑因素，但仍应设置触发隐私警报的阈值。生成此类警报的事件可能包括：

- 失败的访问请求。
- 数据贮存库访问（频率、持续时间、访问级别）。
- 数据渗漏（超过正常操作参数的大规模数据流动）。

- 管理访问日志：谁在访问隐私系统及其目的是什么（在这些系统中做了什么）。
- 日志文件中的系统事件异常。

归入日志记录和监控的很多异常通常与事件响应有关。在使用这些数据隐私工具时，需要提供警报和警告，以便从隐私的角度调查早期检测到的滥用或误用系统及其所处理数据的情况。

2.13.1 监控

监控使用应用程序指标来衡量网络可用性并管理性能。监控系统依靠指标来警示 IT、信息安全与合规性、安全运营中心 (Security Operation Center, SOC) 或 DevOps 团队整个应用程序和云服务中的运行异常。在理想情况下，团队会在整个运营基础设施的所有系统和关键数据存储空间上实施工具和监控。

2.13.2 日志记录

日志记录通常由系统、设备和应用程序提供，以常用的一致方式记录和存储数据用于分析。日志数据的分析可以识别安全违规，有助于取证调查。日志分析也可向企业警示恶意活动，例如正在形成的攻击或多次入侵尝试，也可用于识别攻击来源，在必要时协助加强控制。为减少可访问性带来的内部威胁和降低蓄意破坏的动机，企业内应有一个以上的实体对日志具有可见性并承担（延伸的）责任。日志应该作为企业管理部门对安全问题进行多线管理的第一道防线和指标。

日志记录一直均衡显示速度、细节和效用。如果日志中数据量过大且来源过于分散，可能很难注意到重要的个别事件。日志条目的时间同步可协助关联多个来源的事件，改进审查的有用性。日志记录也需要时间，可能减少每个受监控交易的吞吐量。

日志数据和控制活动分析应解答以下问题：

- 控制是否有效运行?
- 风险水平是否可接受?
- 风险战略和控制是否与公司业务战略和优先级一致?
- 控制是否能够灵活应对不断变化的威胁?
- 是否及时提供正确的风险数据?
- 风险管理工作是否有助于实现公司目标?
- 风险与合规意识是否融入用户的行为中?

随着网络和客户安全系统的不断成熟，专用日志记录更加详细，提高了为分析所提供数据的详细程度。例如，客户驻地数据泄露保护 (Data Leakage Protection, DLP) 软件可与防病毒及反恶意软件模块集成，用于区分在尝试以禁止的方式迁移数据时，采用的是交互方式（人）还是流程驱动方式。这些信息可能揭示用户培训不充分（或恶意内部人士）与远程系统被损害之间的差异。网络中的入侵检测或预防系统 (Intrusion Detection or Prevention Systems, IDS/IPS) 所做的日志记录，也可用于检测可疑的流量模式，特别是与基于高级行为（启发法）的分析相结合时。

日志可能包含敏感信息或取证所需的信息，因此应进行配置以防止改动/删除，同时防止未授权人员访问。特别是，负责管理系统或应用程序的管理员一般不能更改或删除关于其职责范围的日志。在评估潜在的内部威胁时，应考虑日志访问权限。

2.13.3 隐私和安全日志记录

图 2.24 列出了安全日志记录的隐私考虑因素。

考虑因素	描 述
应用程序日志记录或系统日志记录	● 错误日志包括： 　■ 应用程序错误 　■ 系统错误 　■ 网络错误 ● 系统访问日志（堆栈中所有系统的访问日志） 　■ 失败/成功的尝试 　■ 系统/日期/时间戳/IP 地址/数量/会话持续时间 　■ 日志访问（访问者的身份、访问时间和访问频率） ● 变更日志 　■ 系统变更 　■ 系统环境或应用程序参数调整或变更 　■ 日期变更或元素变更 　■ 数据编辑 　　— 从管理账户或特权账户对数据元素进行变更 　　— 直接访问数据库 　　　o 系统/日期/时间戳/IP 地址/数量/会话持续时间 ● 日志数据存储策略 　■ 日志持久化的持续时间 　　— 分析数据需要多长时间 　　— 汇总或查看历史回顾 　　　o 报告 　　　o 历史系统操作和趋势分析 　　　　o 日志数据删除流程 　　　　　o 频率 　　　　o 不应出现在日志中的 PII 或信息 　　　　　o 系统将 PII 写入日志 　　　　　o 数据变更或元素变更（完整性） 　　　　o 数据编辑 　　　　　o 从管理账户或特权账户对数据元素进行变更 　　　　　o 直接访问数据库 　　　　　　o 系统/日期/时间戳/IP 地址/数量/会话持续时间

图 2.24 — 隐私和安全日志记录

2.14 身份和访问管理

身份和访问管理 (Identity and Access Management, IAM) 是一个由业务流程、政策和技术构成的框架，企业用它来管理电子或数字身份。使用 IAM 框架，IT 经理可以控制用户对企业内部关键信息的访问。IAM 产品提供基于角色的访问控制，系统管理员可以根据需要限制用户对各企业部分的访问。

由于识别和身份认证 (Identification and Authentication, I&A) 是大多数访问控制类型所需的过程，并且也是建立用户责任的必要条件，因此，I&A 是确保计算机安全的重要组成部分。对于大多数系统来说，I&A 是第一道防线，因为它可以阻止对计算机系统或信息资产未经授权的访问，以及防止系统使用未经授权的进程。可使用多种方法来实施逻辑访问。

逻辑访问控制用于管理和保护信息资产。逻辑安保措施通常根据用户的工作职能来确定。逻辑访问控制成功与否与身份认证方法的强度有关。应根据用户的个人角色，适当地给用户授予访问系统和数据的权限。授权采取的形式通常是相关管理人员的签名（物理签名或电子签名）。身份认证的强度与所用方法的质量成正比。

2.14.1 系统访问权限

系统访问权限是指对计算机资源执行操作的特权。这通常指技术特权，例如读取、创建、修改或删除文件或数据，执行程序，或者打开或使用外部连接等权利（例如 API）。有关更多信息，请参阅第 2.8.1 节 “API”。

对计算机化信息资源的系统访问是在物理和/或逻辑层面上建立、管理和控制的。物理访问控制可以限制人员进出某个区域，例如配有 LAN 服务器等信息处理设备的办公楼、套房、数据中心或房间。物理访问控制的类型有很多，包括证章、存储卡、防护钥匙、严密的落地式墙体围栏、门锁和生物特征识别。逻辑系统访问控制可以约束系统的逻辑资源（事务、数据、程序、应用），并在需要相关资源时应用。在对要求使用指定资源的用户进行识别和身份认证的基础上，通过分析用户和资源的安全概况，可以对请求的访问做出决定（用户可以访问哪些信息、可以运行哪些程序或交易，以及可以进行哪些修改）。这些控制可以构建到操作系统中，或通过独立的访问控制软件调用，并置入应用程序、数据库、网络控制设备和实用程序（例如，实时性能监视器）。

对任何计算机化信息的物理或逻辑系统访问均应遵守文件规定的按需知密（通常称为“基于角色”）原则，以满足基于最小特权的合法业务要求。授予访问权限时须考虑的其他事项还包括问责制（例如唯一的用户 ID）和可追溯性（例如日志）。在评估用于权限定义和安全特权授予的标准是否合理时应使用这些原则。企业应建立基本衡量标准，以便针对特定的数据、程序、设备和资源分配相应的技术访问权限，其中包括：谁将具有访问权限，以及允许其拥有何种访问级别。举例来说，企业中的每个人可能都希望能够访问系统上的特定信息，例如企业会议日历上显示的数据。用来编制和显示日历的程序可能只能由少数系统管理员修改，而可以直接访问控制该程序的操作系统的人员还要更少。

逻辑安全下的 IT 资产可以分为四层：网络、平台、数据库和应用程序。这种为系统访问安全分层的概念可以加大对信息资源的控制范围和精细度。例如，网络和平台层可以对用户进入系统、系统软件和应用程序配置、数据集、加载库及任何生产数据集库时的身份认证进行全面的常规性系统控制。为了达到最佳效果，精细度需要与采用的日志记录相匹配，以实现更便捷的警报和更迅速的补救。通过对记录、具体数据字段和事务的访问控制，数据库和应用控制通常可以提高对某些特定业务流程内用户活动的控制程度。

信息所有者或管理者负责信息的准确使用和报告，如有用户或规定角色要访问其控制下的信息资源，信息所有者或者管理员应当提供书面授权。管理者应将此文档直接移交给安全管理员，以确保不会出现授权处理不当或发生更改的情况。

逻辑访问功能通过安全管理的一系列访问规则实施，其中规定了哪些用户（或用户组）有权访问特定级别（例如只读、只更新或只执行）的资源，以及有哪些适用条件（例如一天中的某段时间或计算机终端的某个部分）。收到信息所有者或管理者的合理授权请求之后，安全管理员将调用相应的系统访问控制机制，授予指定用户访问或使用受保护资源的权限。企业信息系统的访问权限应根据按需知密、最小特权和 SoD 这些原则授予。

应定期评估对访问授权进行的相关审查，以确保其持续有效。员工和部门所做的更改、恶意操作及纯粹的失误会导致权限范围的偏离，从而影响访问控制的有效性。在很多时候，当员工离开企业时并未移除其访问权限，因此增加了发生未经授权访问的风险。为此，信息资产所有者应通过预先确定的授权矩阵定期审查访问控制，该矩阵应根据个人的工作角色和职责为其定义具有最小特权的访问级别和权限。如果有任何访问超出授权矩阵或实际授予的系统访问级别中的访问原则，则必须对其进行相应的更新和更改。一种良好实践是将访问权限审查与人力资源流程相结合。当一名员工转任其他职位（晋升、同级调动或降级）时，应同时调整相关访问权限。通过培养安全意识，可以提高访问控制的有效性。

有权访问企业信息系统资源的非雇员有责任遵守安全规定并对安全漏洞负责。非雇员包括合同制员工、供应商编程人员/分析员、维护人员、客户、审计师、来访者和顾问。应当清楚的是，非雇员要对企业的安全要求承担责任。非雇员应纳入组织的行为准则，并提供签名文档，确认他们了解自己的责任和企业对安全和隐私要求的预期。

2.14.2 强制和自主访问控制

强制访问控制 (Mandatory Access Controls, MAC) 具有逻辑访问控制过滤器的作用，可用来验证无法由正常用户或数据所有者控制或修改的访问凭证。这是默认设置。

可由用户或数据所有者配置或修改的控制称为自主访问控制 (Discretionary Access Control, DAC)。如果企业安全政策或其他安全规则要求毫无例外地加强关键安全的基本等级，那么 MAC 是一个很好的选择。MAC 可以通过比较以下两方面内容来执行：附加至安全对象且不可由用户修改的标签上所保存的信息资源（如文件、数据或存储设备）的敏感性，以及访问实体（如用户或应用程序）的安全许可。

使用 MAC 时，只有管理员可以根据政策进行相关决策；只有管理员可以更改资源类别，并且没有人可以授予访问控制政策中明确禁止的访问权限。MAC 是禁止性的，将禁止所有未获得明确许可的行为。DAC 是一种可由数据所有者自行激活或修改的保护。数据所有者定义的信息资源共享就属于这种情况。在这种情况下，数据所有者可以选择谁能够访问其资源，以及相应访问的安全等级。DAC 无法覆盖 MAC；DAC 将作为附加过滤器，使用相同的排除原则禁止更多访问。

当信息系统执行 MAC 政策时，该系统必须对 MAC 和灵活性更强的自主政策加以区分。在对象创建、分类降级和标记期间，必须严格区别二者。

2.14.3 信息安全和外部相关方

由外部相关方访问、处理、传达或管理的企业信息和信息处理设施的安全性应得到维护，并且不应因引入外部相关方的产品或服务而有所降低。外部相关方对企业信息处理设施的任何访问及任何信息处理和交流都应受到控制。这些控制应得到外部相关方的同意，并在协议中进行定义。企业将有权审计最终安全控制的实施和运行。此类协议有助于降低与外部相关方相关的风险。

识别与外部各方相关的风险

在授予访问权限之前，应该识别涉及外部各方的业务流程中企业的信息和信息处理设施所面临的风险，并实施适当的控制。如果有必要授予外部相关方访问企业信息处理设施或信息的权限，就应该执行风险评估，以确定是否需要采取特定的控制。在识别与外部相关方访问相关的风险时，应该考虑**图 2.25** 中所述的问题。

- 外部相关方需要访问的信息处理设施
- 外部相关方对信息和信息处理设施的访问类型
  - 物理访问（例如，访问办公室、计算机室和档案柜）
  - 逻辑访问（例如，访问组织的数据库和信息系统）
  - 组织的网络与外部相关方网络之间的网络连接（例如，固定连接和远程访问）
  - 访问是在现场还是在异地进行
- 相关信息的价值和敏感度，以及其对业务运营的关键性
- 为了使禁止外部相关方访问的信息得到保护而必须采取的控制
- 参与组织信息处理的外部相关方人员
- 如何识别获得访问权限的组织或个人、如何进行授权验证，以及应该按何种频率对此进行重复确认
- 外部相关方在存储、处理、传送、共享、交换和销毁信息时所采用的不同方法和控制措施
- 外部相关方在需要访问却没有访问权限时会产生何种影响，以及外部相关方如果输入或收到不准确或令人误解的信息时会产生何种影响
- 用于处理信息安全事件和潜在损害的做法和流程，以及在发生信息安全事件时外部相关方是否仍具有存取权限的相关条款和条件
- 法律和监管要求及其他与外部相关方有关的合同规定
- 各种安排可能对任何其他利益相关者的利益造成哪些影响
- 外部各方的审计监控成本，包括人力资源工时和独立审计事务所的成本

图 2.25 — 与外部相关方访问相关的风险

资料来源：ISACA，《CISA 考试复习手册》（第 27 版），美国，2019 年

应该仅在实施了适当的控制后，才授予外部相关方访问企业信息的权限，如果可行，应签订相应的合同，以定义有关连接或访问的条款和条件及工作安排。通常，与外部相关方签订的协议中应包含与外部相关方合作所导致的全部安全要求或者内部控制。

应获得外部相关方的确认书，表明其了解其义务并接受针对访问、处理、传送或管理企业信息和信息处理设施的责任和义务。

如果外部相关方不采取足够的安全管理措施，可能使信息面临风险。应当确定并采用相应的控制措施，以管理外部相关方对信息处理设施的访问。例如，如果对信息的机密性有特殊要求，则可签订保密协议。如果外包程度很高或者涉及多个外部相关方，企业可能面临与跨组织的流程、管理和沟通相关的风险。

满足与客户相关的安全要求

在授予客户对企业信息或资产的访问权限之前，应该满足所有已确定的安全要求。

除资产保护和访问控制政策之外，要在授予客户对任何企业资产的访问权限之前满足安全要求，应当考虑**图 2.26** 中列出的各项。（并非全部都适用，具体取决于访问类型和范围。）

- 对要提供的产品或服务加以说明
- 有关客户访问的各种原因、要求和利益
- 对信息不准确（例如，个人详细信息）、信息安全事件和违反安全性提出报告、通报和调查的安排
- 目标服务水平和无法接受的服务水平
- 对任何与组织资产相关的活动进行监控和撤销的权限
- 组织和客户各自承担的责任
- 与法律事件及确保满足法律要求（例如数据保护立法）相关的责任，在协议涉及与其他国家/地区的客户合作时，应考虑不同国家的法律体系
- 知识产权、版权转让，以及对任何合作成果的保护

图 2.26 — 客户访问安全注意事项

资料来源：ISACA，《CISA 考试复习手册》（第 27 版），美国，2019 年

根据所访问的信息处理设施和信息，与访问组织资产的客户相关的安全要求可能存在巨大的差异。可通过签订客户协议来解决所有已知风险和满足安全要求。

满足第三方协议中的安全要求

如果第三方参与的活动包括访问、处理、传送或管理企业的信息或信息处理设施，或者将产品或服务添加到信息处理设施，则第三方协议应包括所有相关的安全要求。协议应确保阐明对相关安全的政策和期望，以降低企业与第三方之间产生误解的风险。企业应确保此协议中包括适当的赔偿条款，以免遭受因第三方的有关行为而导致的潜在损失。

应考虑在第三方协议中包含**图 2.27** 中列出的合同条款，以满足确定的安全要求。

- 第三方对该组织的信息安全政策的遵循
- 确保资产安全的控制措施，包括：
  - 保护组织资产（包括信息和软硬件）的程序
  - 所需的任何物理保护控制和机制
  - 用于确保免受恶意软件侵害的控制
  - 用于确定资产是否受到任何危害（例如，丢失或修改信息和软硬件）的程序
  - 用于确保在协议终止时或在协议中双方同意的某个时间点返回或销毁信息或资产的控制措施
  - 资产的机密性、完整性、可用性及所有其他相关属性
  - 对复制和公开信息的限制，以及使用保密协议
- 对用户和管理员进行方法、程序和安全方面的培训
- 用于确保用户意识到信息安全责任和问题的方法
- 有关人员调动的规定（如果适用）
- 有关安装和维护硬件和软件的责任
- 清晰的报告结构和议定的报告格式
- 清晰而详细的变更管理流程
- 访问控制政策，包括：
  - 使第三方访问成为必要条件的各种原因、要求和利益
  - 允许的访问方法，以及对唯一标识符（如用户 ID 和密码）的控制和使用
  - 对用户访问及特权的授权流程
  - 对有权使用所提供服务的人员清单及其使用这类服务所需的权限和特权进行维护的要求
  - 说明不允许进行任何未显式授权的访问
  - 用于撤销访问权限或中断系统间连接的流程
- 对信息安全事件、违反安全规定及违反协议中规定的要求进行报告、通知和调查的安排
- 对要提供的产品或服务加以说明，以及对可用的信息及其安全类别加以说明
- 目标服务水平和无法接受的服务水平
- 对可验证的绩效标准及其监控和报告进行定义
- 对任何与组织资产相关的活动进行监控和撤销的权限
- 对协议中定义的责任进行审计的权限、授予第三方执行此类审计的权限，以及列举审计师的法定权利的权限（及在适当情况下，出具服务审计师报告）
- 建立解决问题的上报流程
- 符合组织业务优先级的服务连续性要求（包括对可用性和可靠性的衡量）
- 达成协议的各方应承担的相应责任
- 与法律事件及确保满足法律要求（例如，数据保护立法）相关的责任，在协议涉及与其他国家/地区的组织合作时，应考虑不同国家的法律体系
- 知识产权和版权转让，以及对任何合作工作的保护
- 第三方与转包商的参与，以及这些转包商需要实施的安全控制

图 2.27 — 关于第三方协议的建议合同条款

- 重新商议/终止协议的条件，例如：
  - 防止其中一方想要在协议结束前终止合作关系的应急计划
  - 组织变更安全要求时对协议进行重新商议的条款
- 当前记录的资产清单、许可证、协议或与其相关的权限
- 合同的不可转让性

图 2.27 — 关于第三方协议的建议合同条款（续）

资料来源：ISACA，《CISA 考试复习手册》（第 27 版），美国，2019 年

一般来说，很难确保在协议结束时返还或销毁向第三方公开的保密信息。为了防止出现未经授权的复制或使用，应在现场对打印的文档进行查阅。应考虑使用技术控制（例如数字版权管理，即出版商、版权所有人及个人使用访问控制技术对数字内容和设备的使用施加限制）建立各种所需的操作约束，如打印文档、复制文档、授权读者，或者在某个特定日期之后使用文档。

对于不同的企业及不同类型的第三方，协议存在非常大的差异。因此，应注意在协议中包括所有确定的风险和安全要求。如有必要，可以在安全管理计划中对所需的控制和程序进行扩充。

如果将信息安全管理外包，协议中应规定第三方将如何确保维持风险评估所定义的足够安全性，以及如何调整安全性以识别和处理风险变化。外包与第三方提供的其他形式的服务之间存在一些差异，其中包括：责任问题、计划过渡期及可能出现的运营中断、应急计划安排、尽职调查，以及安全事件相关信息的收集和管理。重要的是企业应规划和管理向外包安排的过渡，并且制定适当的流程来管理变更及协议的重新商议/终止。

需要在协议中考虑有关第三方无法提供服务时继续运作的程序，以免延误替代服务安排。与第三方达成的协议可能还包括其他方。在授予第三方访问权限的协议中，应该包括对其他指定的有资格方的认可及其访问和参与的条件。可取的做法是，要求第三方获得符合公认安全标准（例如 ISO 27001）方面的认证。

通常，协议主要是由企业编制的。在某些情况下，协议可能由第三方编制，然后再强加给企业。企业需要确保强制协议中规定的第三方要求不会对其自身的安全造成不必要的影响。

人力资源安全和第三方

应当制定正确的信息安全实务，以确保员工、承包商及第三方用户了解自己的职责并适合担任自己被分配的角色。这些实务可降低失窃、欺诈或设施滥用的风险。

具体的安全实务：

- 在雇用之前，应在相应的工作说明及雇用条款和条件中，明确提出相关的安全责任。
- 应该对所有待聘用的员工、承包商和第三方用户进行充分筛选，尤其是从事敏感工作时。
- 如果员工、承包商和第三方用户的工作涉及信息处理设施，则应与其签署一份有关他们所承担的安全角色和责任的协议，其中包括维护机密性的要求。

对于员工、承包商和第三方用户所承担的安全角色和责任，应按照企业的信息安全政策加以定义和记录。

筛选

应对所有应聘者、承包商或第三方用户进行背景核查。这些核查的实施和记录应当依照相关的法律、法规和道德规范进行，且核查的范围和程度应与业务要求、要访问的信息的分类及感知的风险相匹配。如果是由某个机构向企业介绍承包商，那么在与该机构签订的合同中应明确规定该机构的筛选责任，以及在未完成筛选或对筛选结果有疑虑时该机构需要遵守的通知程序。同样，在与第三方签订的协议中应明确规定有关筛选的所有责任和通知程序。

访问权限的取消

终止与所有员工、承包商和第三方用户建立的雇佣关系及签订的合同或协议时，应取消他们对信息和信息处理设施的访问权限，或者在发生变更时，对这些访问权限进行调整。应该取消或调整的访问权限包括物理访问、逻辑访问、钥匙、识别卡、信息处理设施和订阅，并清除将他们视为企业中现有成员的所有文档。如果办理离职的员工具有对第三方经营场所的访问权限，则还应包括对合作伙伴和相关的第三方进行通知。

如果即将离开的员工、承包商或第三方用户知道有效账户的密码，则应在终止或变更雇佣关系、合同或协议时更改这些密码。在终止或变更雇佣关系前，应减少或取消对信息资产和信息处理设施的访问权限，具体取决于对以下风险因素的评估：

- 终止或变更是由员工、承包商或第三方用户还是管理人员引起的，以及终止原因是什么。
- 员工、承包商或任何其他用户当前所承担的责任。
- 当前可访问资产的价值。

应制定相应的程序，确保信息安全管理人员能够即时得到有关所有员工调动（包括员工离开企业）的通知。

---

[1] Techopedia，“IT Infrastructure”，www.techopedia.com/definition/30134/managed-data-center
[2] Doig, C.；“Calculating the total cost of ownership for enterprise software”，*CIO*，2015 年 11 月 19 日，www.cio.com/article/3005705/calculating-the-total-cost-of-ownership-for-enterprise-software.html
[3] 美国国家标准与技术研究院，《NIST 特别出版物 SP 800-145：NIST云计算定义》，美国，2011 年
[4] *同上*。
[5] TechTarget，“Scale-out storage”，2016 年，https://whatis.techtarget.com/definition/scale-out-storage
[6] Mougue, E.；“SSDLC 101: What Is the Secure Software Development Life Cycle?” *DZone*，2017 年 7 月 25 日，https://dzone.com/articles/ssdlc-101-what-is-the-secure-software-development
[7] Romeo, C.；“Secure Development Lifecycle: The essential guide to safe software pipelines,” TechBeacon，https://techbeacon.com/security/secure-development-lifecycle-essential-guide-safe-software-pipelines
[8] *Op cit* ISACA 2016 年
[9] *Op cit* Romeo
[10] Rajendran, S.；“Safeguarding Mobile Applications With Secure Development Life Cycle Approach,” *ISACA Journal*，第 3 卷，2017 年 5 月 1 日
[11] *Op cit* Romeo
[12] *同上*。
[13] *同上*。
[14] Cavoukian, A.；*Privacy by Design: The 7 Foundational Principles*，安大略信息和隐私专员，加拿大，2011 年
[15] *同上*。
[16] 信息专员办公室，“Guide to the General Data Protection Regulation (GDPR)”，https://ico.org.uk/for-organisations/guide-to-data-protection/guide-to-the-general-data-protection-regulation-gdpr/
[17] Digital.ai，“Application Hardening”，https://www.arxan.com/resources/technology/application-hardening
[18] Russell, N.；F. Schaub；A. McDonald；W. Sierra-Rocafort；*APIs and Your Privacy*，Fordham Center on Law and Information Policy/University of Michigan，美国，2019 年
[19] Virgillito, D.；“3 Tracking Technologies and Their Impact on Privacy,” INFOSEC，2018 年 8 月 17 日，https://resources.infosecinstitute.com/3-tracking-technologies-and-their-impact-on-privacy/
[20] *Op cit* ISACA，2016 年

[21] Lapowsky, I.；"How Cambridge Analytica Sparked the Great Privacy Awakening," *Wired*，2019 年 3 月 13 日，www.wired.com/story/cambridge-analytica-facebook-privacy-awakening/

[22] Koch, R.；"Cookies, the GDPR, and the ePrivacy Directive," GDPR.EU，https://gdpr.eu/cookies

[23] Beal, V.；"The 7 Layers of the OSI Model"，Webopedia，www.webopedia.com/quick_ref/OSI_Layers.asp

[24] 美国国家标准与技术研究院，*SP 800-153：Guidelines for Securing Wireless Local Area Networks (WLANs)*，美国，2012 年

[25] Ito, K.；J. Kogure；T. Shimoyama；H. "Tsuda: De-identification and Encryption Technologies to Protect Personal Information"，*FUJITSU Scientific and Technical Journal*，第 52 卷，2016 年 7 月

[26] TechTarget，"Encryption"，https://searchsecurity.techtarget.com/definition/encryption

[27] Townsend Security，*The Definitive Guide to Encryption Key Management Fundamentals*，美国，2016 年

[28] Appdynamics，"What's the Difference? Logging vs Monitoring"，www.appdynamics.com/product/how-it-works/application-analytics/log-analytics/monitoring-vs-logging-best-practices

第 3 章

数据生命周期

概述

A 部分：数据目的

B 部分：数据持久化

概述

从数据的创建/收集到销毁，都属于数据管理的典型阶段，这些阶段统称为数据生命周期。数据管理框架对数据生命周期的描述通常有所不同，包括创建、读取、更新和删除。

数据的创建/收集采用了多个流程来实现其目标。因此需要保留或维护数据，以便为实现数据收集的目的而统一部署的单独流程能够重复使用这些数据。

数据持久化是指数据在创建流程完成后仍然存续。通过将数据存储在数据库、数据栈、数据仓库和数据湖中供重复使用，可实现数据资产的持久化。无论采用的数据范围和存储技术是什么，数据持久化都应遵循数据设计原则，这些原则可为物理数据库的结构提供指引，但不一定是强制性的。

在实现创建/收集数据的目的后，应该销毁数据。数据销毁主要遵循外部法律和准则的指引，这些法律和准则强调个人识别信息和个人健康信息 (Personal Health Information, PHI) 等敏感数据。

此领域在考试中所占比重为 30%（36 个问题）。

领域 3：考试内容大纲

A 部分：数据目的

1. 数据清单和分类
2. 数据质量
3. 数据流和使用图
4. 数据使用限制
5. 数据分析

B 部分：数据持久化

1. 数据最小化
2. 数据迁移
3. 数据存储
4. 数据仓库
5. 数据保留和归档
6. 数据销毁

学习目标/任务说明

在此领域中，数据隐私从业人员应当能够：

- 识别组织隐私计划和实务的内外部要求。
- 参与评估隐私政策、计划和政策是否符合法律要求、监管要求和/或行业最佳实践。
- 协调并执行隐私影响评估和其他以隐私为重点的评估。
- 参与制定符合隐私政策和业务需求的程序。

- 实施符合隐私政策的程序。
- 参与管理和评估合同、服务水平协议及供应商和其他外部相关方的实务。
- 参与隐私事件管理流程。
- 与网络安全人员合作进行安全风险评估流程，以解决有关隐私合规和风险缓解的问题。
- 与其他从业人员合作，确保在设计、开发和实施系统、应用程序及基础设施期间遵循隐私计划和实务。
- 评估企业架构和信息架构以确保其支持隐私设计原则和相关考虑因素。
- 评估隐私增强技术的发展及监管环境的变化。
- 根据数据分类程序识别、验证和实施适当的隐私与安全控制。
- 设计、实施和监控流程和程序，以维护最新的清单和数据流记录。
- 制定和实施隐私实务的优先级确定流程。

深造学习参考资料

Ambler, S.；*The Object Primer: Agile Model-Driven Development With UML 2.0*，3rd Edition，Cambridge University Press，美国，2004 年

Chrissis, M.；M. Konrad；S. Shrum；*CMMI for Development*，3rd Edition，Addison-Wesley，美国，2011 年

CMMI Institute，*数据管理成熟度模型*，美国，2019 年

欧盟欧洲议会和理事会，《一般数据保护条例 (GDPR)，第 5 条第 1 (c) 款》，Official Journal of the European Union，2016 年

Hoberman, S.；*Data Modeling Made Simple: A Practical Guide for Business and IT Professionals*，2nd Edition，Technics Publications，美国，2016 年

ISACA，《COBIT 2019：简介和方法》，美国，2018 年

ISACA，《ISACA 隐私原则和计划管理指南》，美国，2016 年

自我评估问题

CDPSE 自我评估问题与本手册中的内容相辅相成，有助于考生了解考试中的常见题型和题目结构。考生通常需从所提供的多个选项中，选出**最**有可能或**最合适**的答案。请注意，这些问题并非真实或过往的考题。有关练习题的更多指导，请参阅“关于本手册”部分。

1. 以下哪一项含有专门的术语列表，能够将定义的概念与数据资产相关联？
   A. 数据清单
   B. 业务词汇表
   C. 数据字典
   D. 隐私政策

2. 某组织从旧系统迁移到企业资源规划系统。在审查该数据迁移活动时，**最**需要关心的问题是确定
   A. 迁移的数据在两个系统间是否存在语义特性方面的关联
   B. 迁移的数据在两个系统间是否存在算术特性方面的关联
   C. 进程在两个系统间是否存在功能特性方面的关联
   D. 进程在两个系统间是否存在相对效率

3. 以下哪一项是擦除通用串行总线驱动器中存储的机密信息的**最佳**方法？
   A. 执行低级格式化
   B. 执行零重写
   C. 烧毁
   D. 驱动器消磁

答案见第 136 页

第 3 章答案

自我评估问题

1. A. 数据清单是关于数据资产的一份清单，可以通过手动或自动工具从 IT、信息安全或数据治理部门导出。业务词汇表可以是数据清单的关键输入。

   B. 业务词汇表是由定义的概念组成的专门列表，这些概念与遵循一致含义的应用程序公用数据相关联。由于政策和分类涉及与数据有关的概念，业务词汇表是在这些概念与数据资产之间建立正式联系的理想工具。这样，在隐私要求和其他数据要求发生变更时，就可以有效地评估和实施变更的影响。

   C. 数据字典是应用层的数据清单，不包含概念的定义及其与数据之间的联系。

   D. 隐私政策可能影响业务词汇表等工具的创建。业务词汇表可用于提供隐私政策的上下文。

2. **A. 由于两个系统可以采用不同的数据表示形式（包括数据库模式），因此应侧重于检查新旧系统中的数据（结构）表示形式是否相同。**

   B. 算术特征表示数据库中数据结构和内部定义的各个方面，因此，重要性低于语义特性。

   C. 审查两个系统的功能特性关联性对于数据迁移审查无意义。

   D. 审查两个系统的进程相对效率对于数据迁移审查无意义。

3. A. 低级格式化也许可行，但过程缓慢，而且如果有合适的工具，数据仍能恢复。

   B. 执行零重写无法覆盖位于磁盘闲置空间中的信息。

   C. 烧毁驱动器后使驱动器无法重复使用。

   D. 通用串行总线驱动器消磁可以快速清除所有信息，由于磁畴已彻底被扰乱，无法重复使用。

A 部分：数据目的

数据目的是陈述事实。数据收集是为了通过某个流程实现某个目标而执行程序的结果。[1] 虽然在实施流程时会利用自动化，但系统很少能满足所有要求。因此，需要执行手动程序，以弥补应用程序不支持的必要活动。为实现数据目的，可使用自动流程和手动流程来收集、整理和使用结构化和非结构化数据。

结构化数据流程将陈述的事实与标签字段（如“名字”“姓氏”等）对齐。结构化数据流程的示例包括表单、模板和模型。非结构化数据流程则包含用自然语言表达的事实，例如，从注释字段到整篇文档均涵盖在内。

收集的个人数据应该与收集个人数据的目的，以及该个人提供的允许将所收集的数据用于该目的的同意书记录在一起。需要了解的一点是，收集个人数据的目的通常涉及多个流程，而每个流程又涉及多个程序。

执行数据收集中涉及的每个程序，都是为了达到特定目的，从而为流程提供支持。具体目的应该：

- 在制定设计流程的需求时确定。
- 记录在元数据贮存库中。

在事后处理隐私和数据质量问题时，如果发现数据泄露或缺陷，往往会在应用程序中找到这些问题。

结果，未记录的数据流程充满隐私漏洞，并倾向于采用变通方案。隐私设计的理念应运而生，该理念首先在加拿大提出，在英国得到进一步发展[2]，并在欧盟《一般数据保护条例》中有所体现。[3]

隐私设计的理念推动了在实施新流程或系统时采取隐私优先的方法，以确保隐私合规性。这一概念已发展成全球隐私标准。英国信息专员办公室已采用提倡隐私设计的 GDPR 条例。[4] 实质上，从设计阶段到整个生命周期，企业都必须将数据保护整合到它们的处理活动和业务实务中。请参阅第 2.6 节“安全开发生命周期”了解更多信息。

虽然在许多国家，隐私设计并非一项法律要求，但由于管理隐私风险对全球企业的重要性与日俱增，该理念的实行正在蔚然成风。ISACA《隐私原则和计划管理指南》中详细介绍了各种标准和权威框架中常见的 14 项隐私原则，[5] 如**图 3.1** 所示。

ISACA 隐私原则	经济合作与发展组织 2013	国际标准化组织 29100:2011	亚太经合组织	公认的隐私原则
1. 选择和同意	不适用	同意和选择	选择	选择和同意
2. 合法目的规范和使用限制	目的规范和使用限制	目的合法性和规范及使用、保留和披露限制	个人信息的使用	使用、保留和处置
3. 个人信息和敏感信息的生命周期	收集限制	收集限制和数据最小化	收集限制	收集
4. 准确性和质量	数据质量	准确性和质量	个人信息的完整性	质量
5. 开放性、透明度和通告	开放性	开放性、透明度和通告	不适用	不适用
6. 个人参与	个人参与	个人参与和通告	访问和纠正	访问
7. 问责制	问责制	问责制	问责制	管理
8. 安全保护措施	安全保护措施	信息安全	安全保护措施	隐私安全

图 3.1 — ISACA 隐私原则及相关框架和标准

ISACA 隐私原则	经济合作与发展组织 2013	国际标准化组织 29100:2011	亚太经合组织	公认的隐私原则
9. 监控、衡量和报告	不适用	隐私合规性	不适用	隐私合规性
10. 预防危害	不适用	不适用	预防危害	不适用
11. 第三方/供应商管理	不适用	不适用	不适用	向第三方披露
12. 泄露管理	不适用	不适用	不适用	不适用
13. 安全和隐私设计	不适用	不适用	不适用	不适用
14. 信息的自由流动和合法限制	信息自由流动	不适用	不适用	不适用

图 3.1 — ISACA 隐私原则及相关框架和标准（续）

根据隐私法规，隐私原则应整合到企业的信息系统实施流程及企业的数据生命周期中。**图 3.2** 提供了有关企业如何将 ISACA 隐私原则、ISACA 信息生命周期[6] 和相关的数据管理流程领域整合到数据管理成熟度模型 (Data Management Maturity Model, DMM) 中。[7]

ISACA 隐私原则	构 建	操 作	监 控	处 置
选择和同意	数据治理			
合法目的的规范和使用限制	数据战略 业务词汇表 元数据管理 数据要求 数据改进	数据生命周期管理	数据生命周期管理	数据生命周期管理
个人信息和敏感信息的生命周期		数据生命周期管理	数据质量评估 数据分析	历史、保留、归档
准确性和质量				
开放性、透明度和通告	数据治理			
个人参与				
问责制		数据治理	数据治理	数据治理
安全保护措施				
监控、衡量和报告	数据治理			
预防危害				
第三方/供应商管理	数据管理平台	数据提供商管理	数据提供商管理 数据质量评估	数据提供商管理
泄露管理				
安全和隐私设计	数据战略 数据要求			
信息的自由流动和合法限制		数据生命周期管理	数据生命周期管理	数据生命周期管理

图 3.2 — ISACA 隐私原则和数据成熟度模型

DMM 是一种衡量工具，它反映了企业迈向成熟的数据资产管理的自然路径。DMM 将 25 个数据管理流程领域归纳为五个数据管理类别（见**图 3.3**）。每个流程领域都确定并描述了一系列实务，这些实务代表了企业在五个递增的能力级别上的行为。

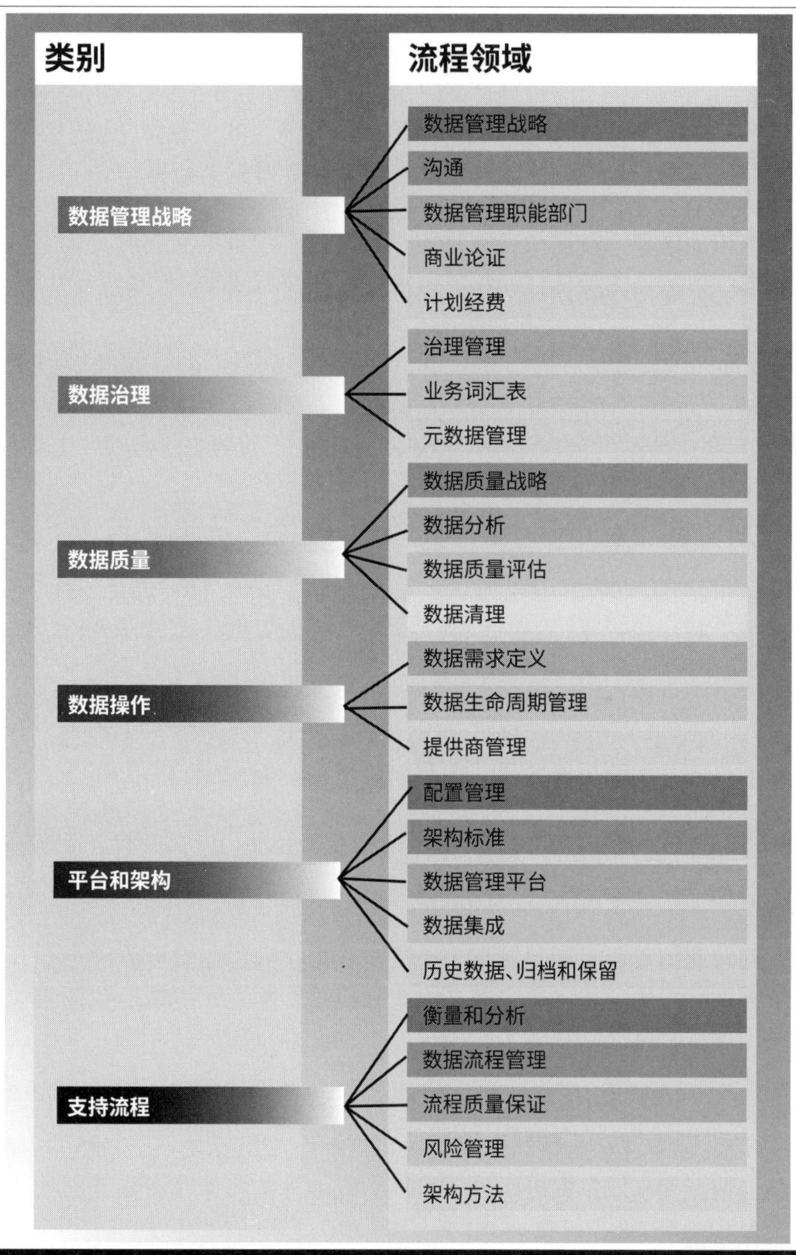

图 3.3 — CMMI 数据管理成熟度模型的流程领域

资料来源：CMMI Institute，《数据管理成熟度模型》，美国，2019 年，表 1

基于这个成熟度模型，企业的 DMM 评估揭示了在数据生命周期中支持各项隐私原则的能力，从而展现出其在支持可持续的隐私合规性能力上的优势和劣势。

3.1 数据清单和分类

完全指定并填充的数据清单和分类是执行隐私影响评估的最重要资源，因为这份主清单涵盖了所有敏感数据。数据清单涵盖了所收集的个人信息类型和确保隐私合规性所需的信息。[8] 为确保 PIA 能够确认控制措施是否充分并识别漏洞，数据清单和分类的范围必须涵盖整个企业并保持最新。

敏感信息的数据清单内容和范围与元数据贮存库基本一致，后者由数据治理部门实施和管理。作为企业元数据管理的一环，隐私数据清单应该由隐私部门和数据治理部门协同管理。

根据 DMM，元数据管理的目的是：[9]

> *建立流程和基础设施，为所管理的结构化和非结构化数据资产具体指明和扩展明确而有序的信息。促进和支持数据共享，确保数据的合规使用，提高对业务变化的响应能力并降低数据相关风险。*

3.1.1 数据清单

数据清单是关于数据资产的一份清单，可以通过手动或自动工具从 IT、信息安全或数据治理部门导出。在企业内可能存在多份清单时，最好将这些清单纳入一个共同的框架，以保持更新。

数据清单应成为从数据需求定义到后期维护的端到端流程的一部分。虽然数据清单模板有所不同，但都包含元数据。根据 DMM，“元数据是一类用于识别、描述、解释和提供与组织的数据资产相关的内容、上下文、结构和分类，并实现有效检索、使用和管理这些资产的信息”。[10]

此外，元数据代表关于数据资产的知识。元数据构件包括数据字典、数据模型、业务词汇表[11] 及数据流和使用图。

数据字典是位于应用层的数据清单。在理想情况下，所有数据字典都由数据治理企业在一个元数据贮存库中进行集体管理。每个数据字典应至少包含每个数据元素在应用程序或系统中的数据相关信息。每个数据元素都要与业务词汇表中经治理部门批准的业务术语相关联，这一点很重要。

业务词汇表是由定义的概念组成的专门列表，这些概念与遵循一致含义的应用程序公用数据相关联。由于政策和分类涉及与数据有关的概念，业务词汇表是在这些概念与数据资产之间建立正式联系的理想工具。这样，在隐私要求和其他数据要求发生变更时，就可以有效地评估和实施变更的影响。

为确保遵守政策和要求的变更，还需要确立和支持变更管理协议，以保持应用程序与程序的一致性。变更管理协议还应确保使用相同数据的应用程序协调一致。例如，某人的个人数据会被各种应用程序直接和间接收集。如果缺乏与数据字典关联且经过充分注释的业务词汇表，就会导致数据缺陷和隐私问题，这些问题会不断累积，最终只有通过更换系统才能解决问题。

数据清单应作为确保个人数据和敏感数据的使用、目的、同意书和隐私要求保持一致的主文件。数据清单应通过元数据贮存库进行集中管理，以便根据需要随时都能有效地监控、实施和控制隐私合规性治理政策的任何变更。

创建数据清单

如果企业没有元数据贮存库，也不打算建立贮存库，则必须创建数据清单来执行 PIA。企业可以遵循开放数据研究院建议的一些基本步骤（见**图 3.4**）来创建数据清单。[12]

图 3.4 — 创建数据清单的步骤

计划

在开始为数据项编制目录之前，需要确定数据清单的目的和范围，这一点很重要。相关规则或标准可能有助于确定数据清单项目的范围。一些考虑因素包括：[13]

- 企业对数据的定义及应包括的内容：业务词汇表应包括企业对数据的定义。基于此，确定清单中应包括哪些内容。是否要包括关于数据的物理/纸质副本的信息？是否要包括供应商创建的数据集和数据？
- 相关元数据：适当的元数据有助于缩小所创建数据清单的范围。例如，为满足合规性目的，需要确定哪些数据集包含了个人识别信息。
- 所需的详细程度：一般而言，建议收集更多的详细信息，以便针对特定受众进行过滤或汇总。
- 清单的维护时间：如前所述，数据清单应保持最新，因此在该流程中包含更新非常关键。

决定

在制订计划之后，企业应确定使用什么属性来描述所收集的数据。**图 3.5** 列出了建议的属性。

属 性	描 述
ID	数据集的唯一标识符
标题	数据资产名称
描述	数据资产描述
目的	为什么要收集或生成数据？
数据创建者	谁创建了该数据？
数据管理员/所有者	由谁管理该数据？
主体/关键词	此数据集涵盖了哪些主体/主题？该属性将有助于搜索该数据的用户进行探索。建议对该属性采用（尽可能对其他属性也采用）受控词汇，以提高未来的搜索和数据链接潜力（如查找相关数据集）
位置	数据所在或存储的位置在哪里？
创建日期	数据是什么时候创建的？
更新频率	多久更新一次数据？
类型	数据属于什么类型？文本、数字、统计数据、图像还是数据库？
格式	数据的格式是什么（如 MS Excel、CSV、JPEG、SQL DB）？
权限和限制	有哪些访问权限和使用限制？如果要发布数据，用户可如何使用该数据？附上使用数据所需的相关许可（如创作共用许可或定制许可）的链接

图 3.5 — 数据属性

资料来源：开放数据研究院，*How to Create a Data Inventory*，美国，2018 年

数据目录词汇[14] 对定义要收集的属性十分有用。

填充

在确定了范围并且企业决定了要收集的信息后，开始收集信息以填充数据清单。一些收集数据的方法包括：[15]

- 让现有的数据所有者填充数据清单。
- 与数据所有者和相关的利益相关方进行面谈。
- 使用调查和问卷。
- 创建自动化流程。例如，在内容管理系统中创建新资产时添加一个基本的元数据表格，自动将数据添加到清单中。

发布

在收集元数据后，可对信息进行整理和发布。整理和发布的形式可能是简单的电子表格，也可能是正式的数据库，具体取决于清单的规模。在发布之前应考虑清单中数据的关键性和敏感度。让用户看到所有资产的清单可能很有用，但要注意，在未达成协议或请求权限的情况下，有些资产可能无法供所有用户自由访问。

3.1.2 数据分类

数据分类可对数据清单进行完善，因为通过数据分类可以确定数据资产的敏感度和关键性。由于数据分类取决于企业和不同的行业标准，所以数据分类的方式几乎无限。**图 3.6** 描述了典型的数据分类。

数据分类	关键数据元素
关键数据元素 (Critical Data Element, CDE)	并非所有元素都同等重要。对企业而言，最有效的数据应该在整个数据生命周期中进行标记和跟踪，将数据质量工作集中在优化数据的使用上 识别关键数据通常从面向客户的内容（如报表、报告、账户门户等）和对关键业务流程影响较大的数据开始。以这种方式识别关键数据会产生成千上万的关键数据元素。为了使关键数据信息易于管理，应将关键数据元素映射至经过批准和注释的业务词汇表 一个业务词汇表条目的一个概念下可以关联其在整个企业内的多个实例
数据安全等级	大多数企业根据预期使用相应数据的领域来对数据进行标记。虽然数据安全的分类各不相同，但典型的分类包括公开、内部使用和机密或受限
数据敏感度类型	机密或受限领域包含特定类型的敏感数据，这些敏感数据通常包括 PII 和受保护的健康信息。虽然现有的法律和法规根据概念确定 PII（例如，全名、出生日期和社会保险号码），但这些名称只是指示性名称 应用程序中的 PII 数据可能按不同的方式进行标记。此外，法律和法规未必详尽无遗。因此，应该定义使用规则和限制，说明在特定上下文可以使用指定的非 PII 数据，从而有效地强调 PII

图 3.6 — 典型的数据分类

所用的分类应遵循共同的内部标准，并由隐私部门与数据治理部门合作制定。为确保充分控制企业对敏感数据的访问和使用及企业与第三方共享的数据，内部标准必须适用整个企业范围并与外部要求保持一致。

3.2 数据质量

数据治理部门负责确定和管理数据生命周期管理的愿景、任务、目标和结构。数据治理的主要目标是确保足够的数据质量。相应地，未实施数据治理的企业将难以实现数据质量和隐私保护目标，从而导致广泛存在的低效、混乱和隐私漏洞。隐私保护高度依赖数据质量和数据治理来确保符合内部和外部的隐私要求。

只要符合数据消费者要求的目的，数据就被视为高质量。对数据而言，重要的是在数据记录系统内外都要易于理解并令人满意。数据的目的是陈述事实，而事实一般而言应该易于理解并能够有效利用。业务词汇表将有助于建立数据质量管理所需的元数据。[16]

数据质量的概念存在广泛的误解，它所关注的不仅仅是数据的准确性。为确保所管理的数据符合目的，可采用一种多维度的方法来评估数据质量。

数据访问是数据质量的维度之一，日益受到所有企业的关注。应如何访问数据以执行业务流程和分析，既涉及质量问题，也涉及隐私问题。由于数据质量关注是否“符合目的”，因此访问方法和政策必须确保数据的使用得当。

数据访问缺陷表明企业中存在更深层次的问题。用户，尤其是数据分析师，对于数据的追求没有穷尽。相应地，数据访问不充分必然导致需要采取变通方案。变通方案是非标准的半自动化流程，不仅效率低下，而且容易出现人为错误。

数据分析师经常不得不采取变通方案来解决查找数据并将数据用于其模型的问题。最终可以找到正确的数据并合理使用，但需要经过大量的反复试错。虽然分析本质上具有迭代性，但数据访问存在的问题会导致个人数据的意外暴露和持久化。因此，数据质量和数据生命周期管理是相辅相成的流程领域，对确保隐私至关重要。

数据质量是一门包括四个流程领域的学科，可指导企业全面了解所管理数据的性质和质量。应了解识别、评估、预防和补救缺陷所需的基本实务，从而使数据质量能够满足内外部消费者的要求。这门学科大致可视为四个流程领域。

- 数据质量战略：确定提高数据完整性的目的、目标和计划。
- 数据分析：包括旨在对数据库内容进行定量分析的数据发现任务，以加深理解和识别潜在缺陷。
- 数据质量评估：对数据的适用性进行的系统性衡量和评估。
- 数据清理：包括为验证和提高数据质量而采用的机制、规则、流程和方法。

3.2.1 数据质量维度

虽然数据质量经常被视为等同于准确性，但数据质量还有很多有益的可衡量方面，建议予以采用。正如不存在一套标准的业务指标一样，数据质量也没有一套标准指标。虽然没有一套公认的数据质量指标，但存在关于数据质量维度的普遍概念，对于一个企业而言，拥有标准化的官方术语和方法至关重要。以下是有关数据质量维度的一些示例，但这些示例远非详尽无遗。

DAMA 英国数据质量维度工作组定义了以下六个用于衡量数据质量的关键维度。[17]

1. 完整性：存储的数据占可能存在的“100% 完整”数据的比例。
2. 唯一性：根据事物的识别方式，对事物的记录不超过一次。

3. 及时性：数据在要求的时间点反映现实的程度。
4. 有效性：如果数据符合其定义的语法规则（格式、类型、范围），则为有效数据。
5. 准确性：数据准确描述所述“现实世界”对象或事件的程度。
6. 一致性：根据定义比较事物的两个或多个陈述时不存在差异。

ISACA 在《COBIT 2019：简介和方法》中定义了 15 个维度（见**图 3.7**）。

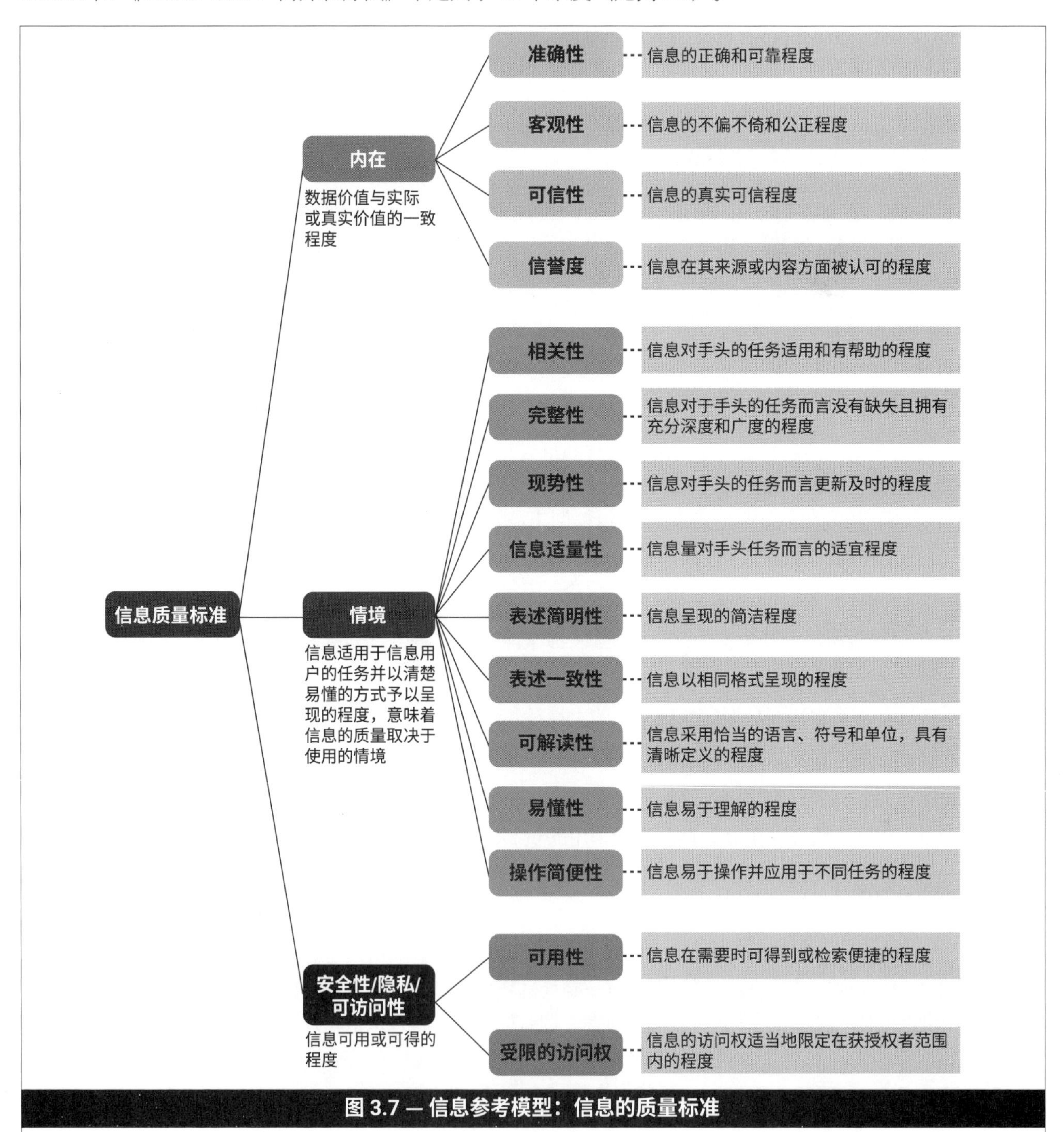

图 3.7 — 信息参考模型：信息的质量标准

资料来源：ISACA，《COBIT 2019：简介和方法》，美国，2018 年

DMM 定义了以下八个常用维度示例。[18]

- **准确性：** 该衡量标准涉及与本意的亲近度、与权威来源相比的真实度及衡量精度。
- **完整性：** 该衡量标准涉及所需数据属性的可用性。
- **覆盖性：** 该衡量标准涉及所需数据记录的可用性。
- **符合性：** 该衡量标准涉及内容与所需标准的一致性。
- **一致性：** 该衡量标准涉及与所需模式和统一规则的一致性。
- **重复性：** 该衡量标准涉及记录或属性的冗余度。
- **完善性：** 该衡量标准涉及数据关系的准确性（如父子关联）。
- **及时性：** 该衡量标准涉及内容的时效性和需要使用时的可用性。

可用性和限制访问与隐私直接相关，而数据质量的大多数方面都与隐私有关。无论是电话、信件、电子邮件还是短信，所有形式的通信都依赖个人数据的质量。个人数据缺陷会对消费者的通信造成负面影响，导致隐私漏洞。例如，将受保护的健康信息传达给寄养儿童的前家庭成员，或者将财务报表发送到错误地址。

3.3 数据流和使用图

数据在创建后，通常会依据相互依存的程序在应用程序内传递，然后读入其他应用程序。实际来说，数据会通过阻力最小的路径在企业内流动。企业之所以采用阻力最小的路径，是因为它们倾向于将数据视为达到目的的手段，而不是需要管理和保护的组织资产。即使企业将数据视为需要保护的资产，在未实施内部标准和控制的情况下，监视和控制数据质量和隐私的能力也会缺乏一致性和完整性。隐私和质量要求必须是有意图的，而且必须在内部不同的应用程序间保持一致性，符合隐私设计的原则，并使用充分注释和填充的元数据贮存库进行自上而下的管理。

详细了解在应用程序内部和应用程序之间流动的数据，对于根本原因分析至关重要，而且非常有益于加强对所涉数据的理解。数据流和使用图是用于确定数据流动的方法，通常针对指定的应用程序。

数据流图是数据在流程或系统内外部流动的功能模型，其结构一般按输入、流程和输出的方式表示（见**图 3.8**）。[19]

数据流图强调数据从来源到目标的横向移动。

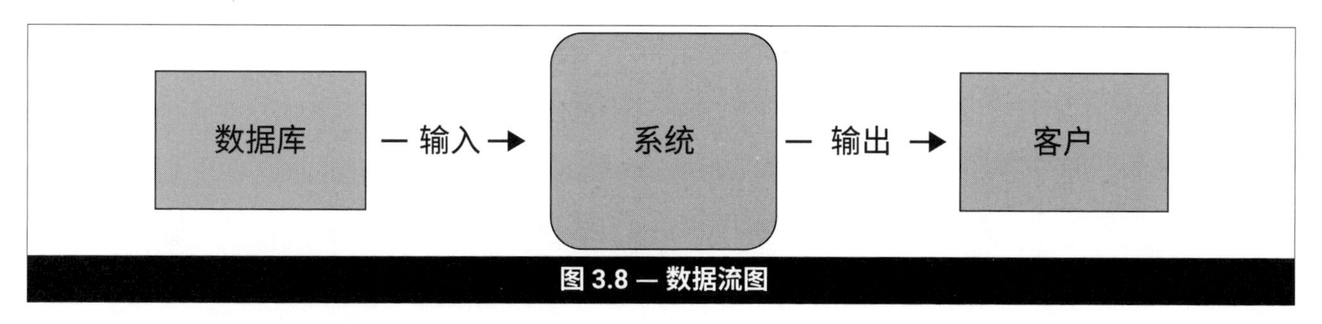

图 3.8 — 数据流图

相对而言，使用图或活动图则强调数据在生命周期中涉及的各个程序内的纵向移动（见**图 3.9**）。使用图说明了应用程序中各个程序所采取的步骤和操作。

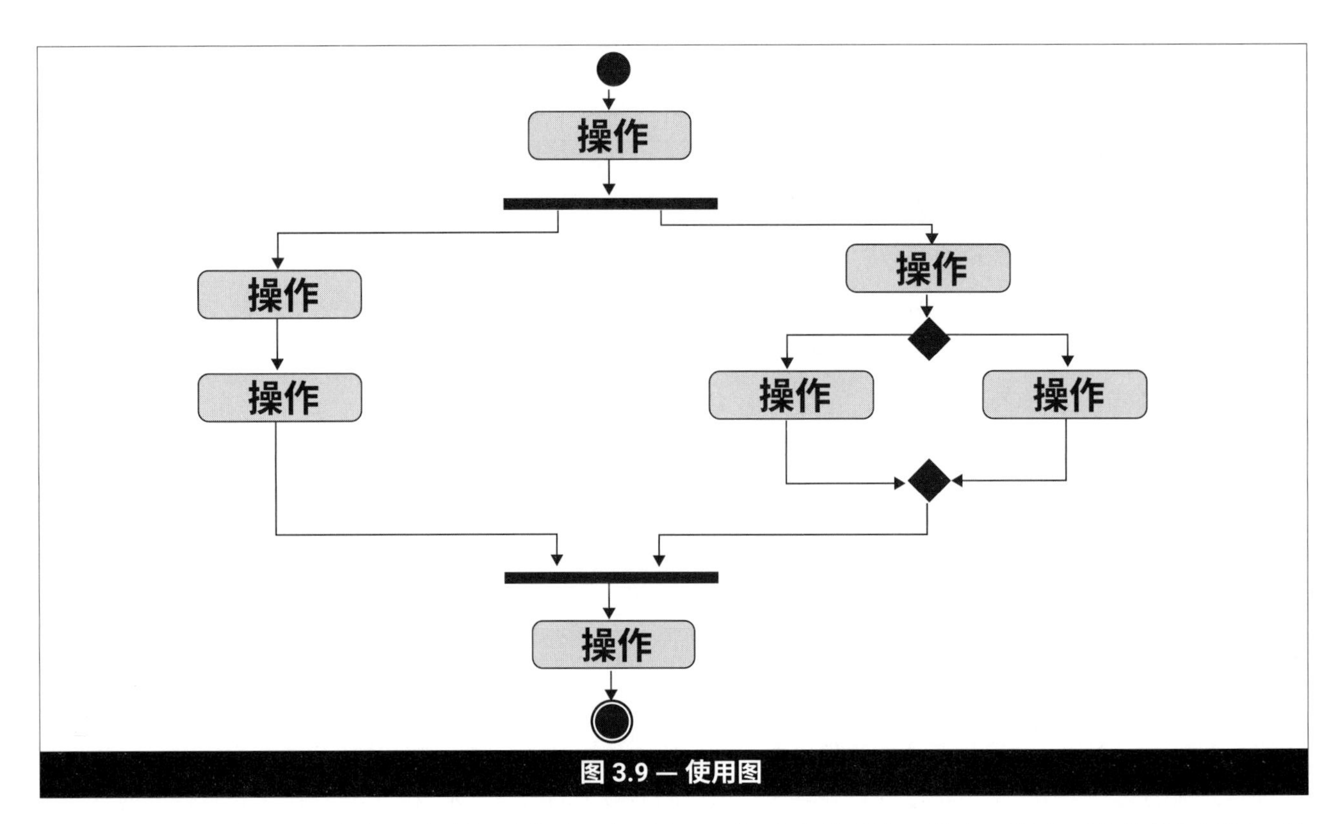

图 3.9 — 使用图

如果能够识别这些步骤中的每一步所涉及的数据和用户，则每种方法都有可能大幅提高对整体数据管理，特别是对隐私保护的实用性。从数据域（如客户、产品、交易等）到所涉及的每个数据元素（如名字、姓氏、地址等），数据可以表示为不同的抽象程度。用户在建模时可以增加泳道，按价值流上的用户组（如团队、部门、事业部、业务单元等）来划分流程，如**图 3.10** 所示。

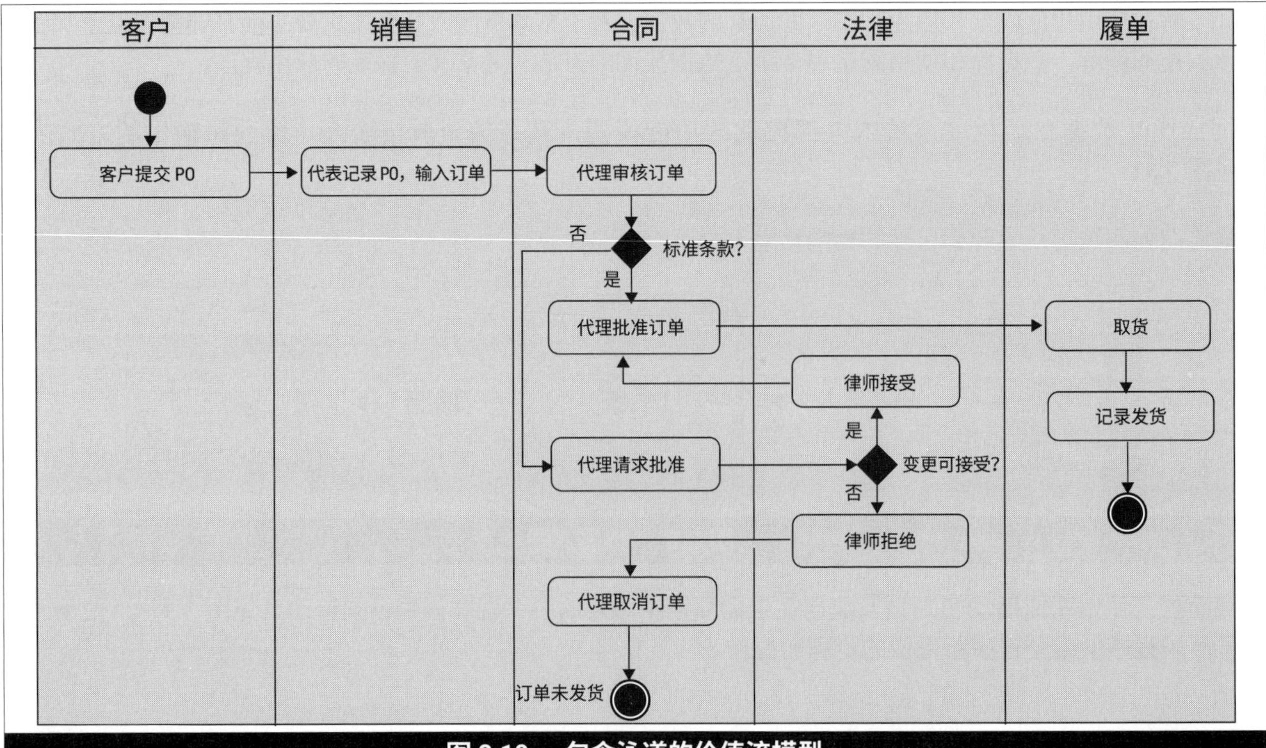

图 3.10 — 包含泳道的价值流模型

虽然这两种方法都对数据移动进行建模，并且数据和用户建模的阐述方式也可能相似，但两者的方向更大程度上是互补而非重复的。使用图更适合描述根据数据质量和隐私政策实施、监视和控制数据的复杂工作流程的细节。数据流图则更适合描述高度抽象的数据流，而该数据流通常会延伸至为整个企业内不同系统之间的数据移动建模。

GDPR 明确声明了控制工作流程的要求，因而强调了对使用图的需求。但如果不对内外部的横向数据流动加以管理，则无法从整体上执行监管。请参阅第 3.7 节“数据迁移”了解更多信息。

3.3.1 数据血缘

对超出其记录系统的数据流进行建模称为数据血缘。数据血缘对于识别下游应用程序中的数据的最终来源至关重要，它能够识别出哪个应用程序造成了在下游检测到的数据缺陷。这种能力对于监视和控制隐私合规性至关重要。结合元数据贮存库，通过动态监视可以更全面地跟踪 PII 和 PHI 的流动。

由于范围极广而且变化非常复杂，所以数据血缘很难手动记录和维护。因此，建议使用专用工具来自动检测和描述指定环境内的数据流。在启动数据血缘计划时，重要的一点是，将数据血缘的范围限制在对企业最重要的应用程序上，在业务价值流的上下文中进行从下游到上游的倒推。[20]

价值流是在产品和服务的交付中与数据交互的用户组模型。价值流通常反映了与技术角度不同的数据流视角。但是，价值流和系统架构数据流图对于确保数据流符合隐私政策都很有必要。

3.4 数据使用限制

限制数据的使用通常类似于限制用水。个人数据是高度敏感的数据，应谨慎对待，不过，即使指定可公开使用的数据也未必可以视为商品。个人数据代表一个人的身份，是对个人存在于世界的正式认可，就此而言，它是执行仅限于该个人的行动的关键。

数据限制要求可以数据目的作为指导，而数据目的应该作为数据需求定义流程的一部分确立。在可行的情况下，隐私管理员应该在元数据贮存库中制定、重复使用和管理关于数据限制的标准规则。请参阅第 3.1 节“数据清单和分类”以了解更多信息。

数据需求流程应遵守所有新建或新购系统的数据使用标准规则，并促进这些标准规则的制定。数据生命周期包含自动化和半自动化流程。了解这些流程对于掌握数据的意义和确保数据的正确使用至关重要。因此，应记录建模流程并与数据要求联系起来。[21] 使用图最适合设计和记录数据在流程中的允许用途，而数据流图最适合记录和实施系统与系统之间数据流动的高层次控制。

与上述隐私原则相一致，欧盟《一般数据保护条例》第 5 (1) (b) 条规定：[22]

> *个人数据应 …… 收集用于指定、明确且合法的目的，并且不得以不符合这些目的的方式做进一步的处理；根据第 89(1) 条，为基于公共利益的归档目的、科学或历史研究目的或统计目的进行进一步的处理，不应视为不符合初始目的。*

3.5 数据分析

数据分析是许多企业内快速涌现的一项职能。全球竞争的加剧威胁着企业的生存现状，并降低了风险投注的回报。分析洞察力可用来提升成功的概率。与此同时，全球监管力度不断加强，迫使原本抵制数据分析的企业开始发展这方面的能力。

从功能上看，分析是提出商业问题的一种形式，从中可以得出可量化的答案。无论是在监管机构的指示下，还是在业务精通者的指导下进行，分析都已成为一种宝贵的资源，可用于优化和改变企业提供有价值产品和服务的能力。但是，分析依赖于能否对各种为支持其职能而持续存在的数据集提供可靠且一致的访问。数据库、数据集市、数据仓库和数据湖等数据集都能为数据分析提供数据。

数据分析的质量取决于对相似问题提供答案的一致性，无论参与提问和回答的人是谁。但实际上并非总是如此。此外，分析常常会暴露出一些数据质量问题，而这些问题的严重性在分析职能出现以前一直未被发现。

例如，确定企业的活跃客户数量，然后分析它们的属性和活动，从而更好地了解需求的驱动因素并确定交叉销售的机会，这一点非常重要。由于分析通常涉及客户，确保隐私保护始终是一个令人关心的问题。即使未包括个人的姓名，用于对客户群体进行分类及更好地预测需求的属性也有可能暴露身份。虽然在应用程序中可以对这类数据组合进行控制，但分析师往往有更多的自由度。因此，为确保分析中的隐私合规性，需要进行培训。

分析师会遇到许多障碍，而数据管理计划可以帮助他们避免这些障碍。**图 3.11** 说明了分析师常见痛点与数据管理中可减少这些痛点的领域之间的关系。

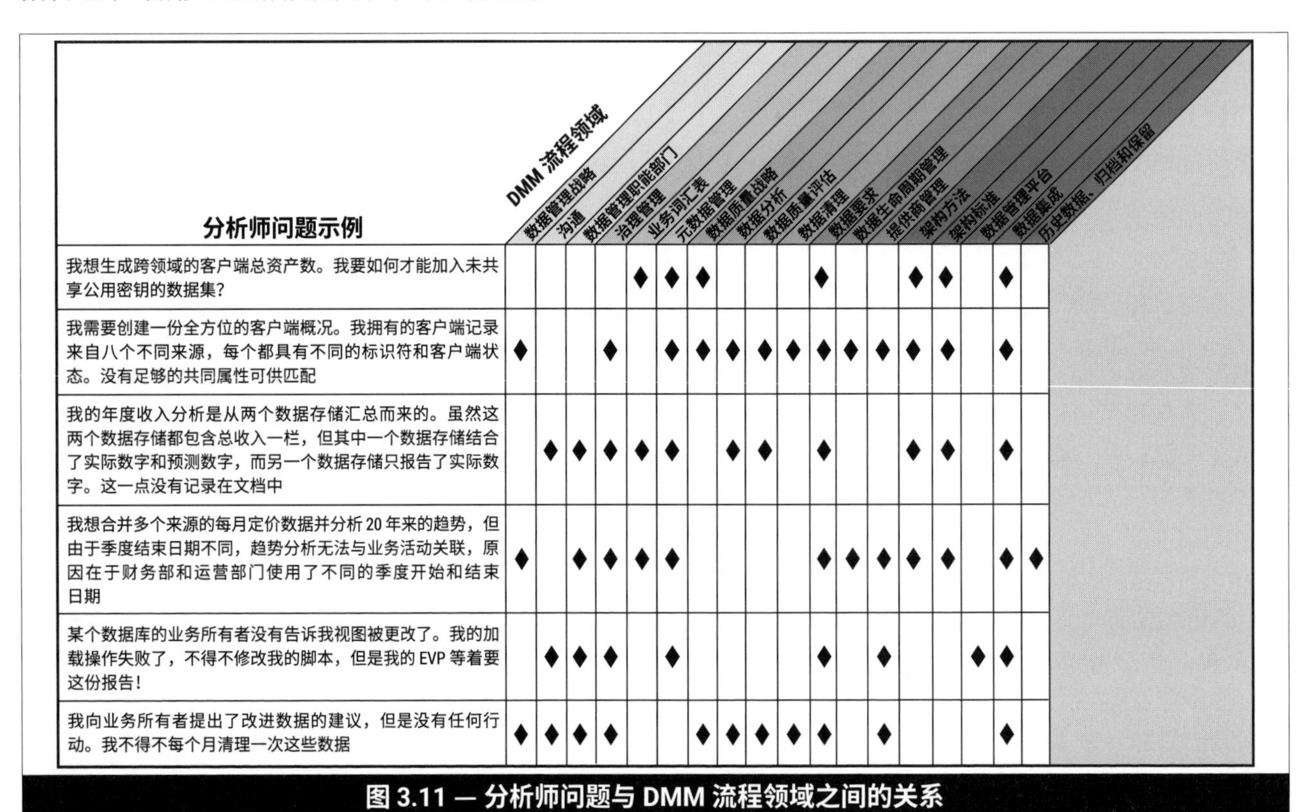

分析师问题示例 \ DMM 流程领域	数据管理战略	沟通	数据管理职能部门	治理管理	业务词汇表	元数据管理	数据质量战略	数据分析	数据质量评估	数据清理	数据要求	数据生命周期管理	提供商管理	架构方法	架构标准	数据管理平台	数据集成	历史数据、归档和保留
我想生成跨领域的客户端总资产数。我要如何才能加入未共享公用密钥的数据集？					♦	♦	♦				♦			♦	♦		♦	
我需要创建一份全方位的客户端概况。我拥有的客户端记录来自八个不同来源，每个都具有不同的标识符和客户端状态。没有足够的共同属性可供匹配	♦			♦		♦	♦	♦	♦	♦	♦	♦	♦	♦	♦		♦	
我的年度收入分析是从两个数据存储汇总而来的。虽然这两个数据存储都包含总收入一栏，但其中一个数据存储结合了实际数字和预测数字，而另一个数据存储只报告了实际数字。这一点没有记录在文档中		♦	♦	♦	♦	♦		♦	♦		♦			♦	♦		♦	
我想合并多个来源的每月定价数据并分析 20 年来的趋势，但由于季度结束日期不同，趋势分析无法与业务活动关联，原因在于财务部和运营部门使用了不同的季度开始和结束日期	♦		♦	♦	♦	♦					♦	♦	♦	♦	♦		♦	♦
某个数据库的业务所有者没有告诉我视图被更改了。我的加载操作失败了，不得不修改我的脚本，但是我的 EVP 等着要这份报告！		♦	♦	♦		♦					♦		♦			♦	♦	
我向业务所有者提出了改进数据的建议，但是没有任何行动。我不得不每个月清理一次这些数据	♦	♦	♦	♦			♦	♦	♦	♦	♦		♦				♦	

图 3.11 — 分析师问题与 DMM 流程领域之间的关系

可信的洞察依赖可信的数据。因此，数据分析师肩负着维护其可信度这个不言而喻的繁重责任。维护数据的责任包括寻找正确的数据、规范化数据以进行分析，以及识别和纠正不准确之处。这些责任对于为决策者提供值得信赖的洞察是绝对必要的。但是，让分析师承担这些责任会降低分析生产力，他们的努力往往会得不偿失。

数据分析师通常只针对他们的模型和报告修复数据缺陷，这不仅是权宜之计，也是因为他们没有能力报告上游的缺陷。由于数据源的用户通常不止一个，因此，如果放任源头的数据缺陷不顾，就会导致分析师提供的报告相互矛盾。

总体而言，如果缺乏数据治理的协调功能，分析就会缺乏维持可靠数据质量所需的特定资源。确保获得可信赖的数据归根到底是在数据质量的范畴以内，对分析师进行的调查表明，数据质量是一项自成一体的工作。此外，数据质量也是一门学科，应该作为一个独立的支持职能来管理。数据质量的成功取决于有效的数据管理计划。请参阅第 3.2 节“数据质量”了解更多信息。

除在分析职能中管理数据质量的问题之外，还存在以一致的方式执行隐私政策和实务的挑战。产生最终分析结果的过程需要主题领域的专家的动态和反复参与。数据通常通过电子表格和电子邮件共享，仅实施极少的政策控制。分析提供了一个极佳的范例，说明了数据如何倾向于沿阻力最小的路径流动，导致极少有足够的能力监视和控制数据的质量和隐私。请参阅第 3.1 节“数据清单和分类”。

3.5.1 用户行为分析

隐私工程师关注的数据分析领域之一是用户行为分析 (User Behavior Analytics, UBA)，该项分析侧重于收集关于用户当前实际行为的信息，例如打开应用程序、访问文件和参与网络活动。[23] UBA 和相关技术可以帮助企业发现可能表示存在恶意行为或违规行为的异常使用模式。

UBA 有两种工作方式：[24]

1. 建立企业及其用户特有的正常活动基准。
2. 发现偏离基准活动的情况。

UBA 软件可以通过分析这些数据源的关键元数据和活动来处理大量的用户文件和电子邮件活动。[25]

虽然类似于安全和信息事件管理，但 UBA 考虑的不是事件，而是周边系统和日志及用户本身。[26] 这点十分重要，因为一个事件中微不足道的情况可能是其他实例中存在恶意行为的证据。[27]

密码猜测、网络钓鱼、结构化查询语言 (Structure Query Language, SQL) 注入和高级持久化威胁，都是黑客和恶意用户试图获取企业系统中的数据而采用的方法。UBA 可以帮助识别这些潜在的攻击。请参阅第 1.12.1 节“存在问题的数据操作”了解更多信息。

B 部分：数据持久化

数据持久化是指数据在创建流程完成后仍然存续。数据持久化通常是必要的，因为数据的创建或收集流程通常并未完全实现收集个人数据的目的。数据持久化是为了让其他流程能够重复使用数据，从而避免不必要的数据收集冗余。除非经过计划和协调，否则冗余数据录入不仅低效而且容易出错。虽然个人数据持久化是必要的，但必须遵从保留计划，并进行访问控制保护。

数据保留计划禁止对超过创建/收集数据原有目的的数据持久化。为了确保持久化的个人数据由相应的用户合理使用，必须建立和管理数据访问控制措施。未经授权的个人数据内部访问行为被视为违反隐私政策，可能招致被辞退、法律诉讼和企业遭到罚款等后果。

通过将数据存储在数据库、数据集市、数据仓库和数据湖中，可实现数据的持久化。无论采用的数据范围和存储技术是什么，数据持久化都应遵循数据设计原则，这些原则可为物理数据库的结构提供指引，但不一定是强制性的。

数据建模指在结构化模型中定义数据需求的行为，其成果是逻辑数据模型，但不应与数据库内的数据的最终物理设计相混淆。逻辑数据模型的主要目标是发起未说明的需求，并确保避免不必要的数据重复收集。得益于其抽象性，逻辑数据模型适合作为可重复使用的资产，不仅能够提高需求定义的效率，还能保证数据库间的数据一致性。**图 3.12** 显示了一个逻辑数据模型示例。

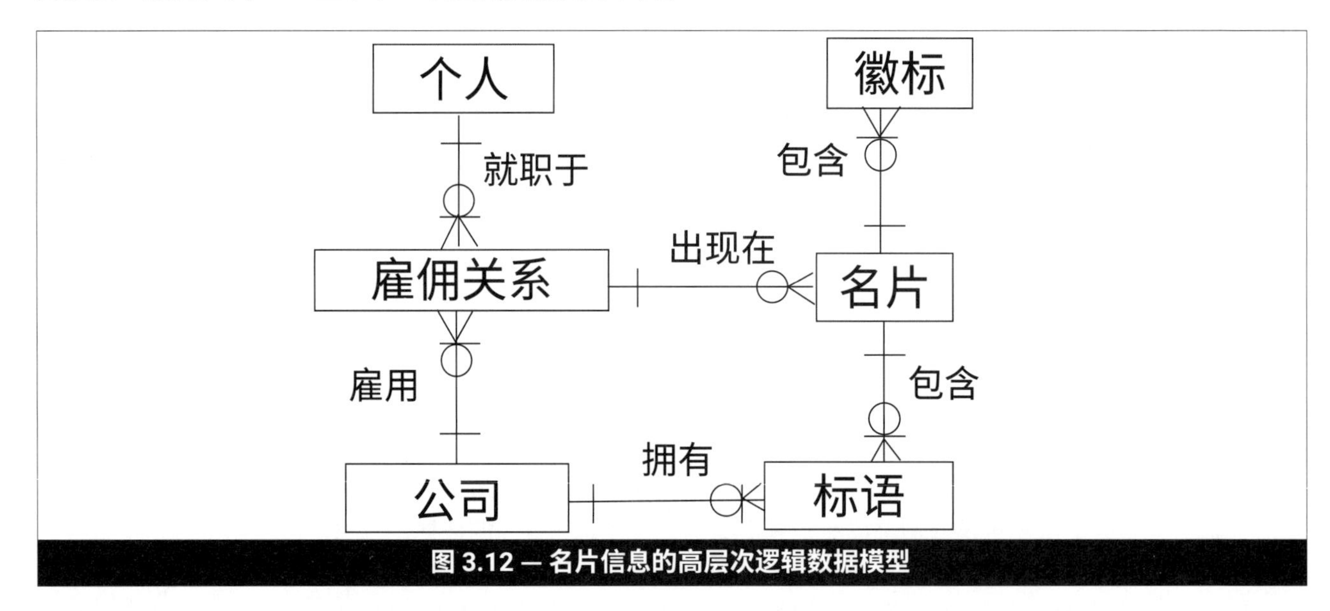

图 3.12 — 名片信息的高层次逻辑数据模型

得益于技术的发展，数据持久化变得异常轻松，例如通过电子表格、服务器等便可实现数据持久化，但从企业的角度而言，这会导致大量计划外的数据副本。计划外的重复数据集是企业层面出现数据质量问题的根本原因。计划外的重复会给分析工作带来不必要的混乱，尤其是在还没有确立权威数据源的情况下。令分析更加混乱的是，基于不同的分析师，分析结果的使用者在同一问题上可能得到不同的答案。请参阅第 3.5 节“数据分析”了解更多信息。

计划外的数据副本会增加隐私风险。尽管解决这一问题的艰巨性使很多企业对这类风险视而不见，但企业有充分的理由执行企业数据管理，以应对零碎化的持久数据带来的固有挑战。此外，数据管理的目的是建立和维护企业级的数据基础设施，以确保数据质量能够实现关键业务目标，包括获得客户信任和提高效率。隐私泄露不仅会损害声誉，还会影响绩效。

隐私泄露会暴露出漏洞，因此需要通过变通方案和返工加以解决，而这会降低效率和效益。企业级数据管理基础设施可以为数据的整个生命周期提供支持，从而改善风险管理并维护数据质量。[28]

由于计划外的数据孤岛和未经协调的冗余数据副本所带来的固有风险，GDPR 将数据可移植性确定为被收集个人数据的个体的一项权利。

GDPR 第 20 条规定：[29]

数据主体有权以结构化、通用和机器可读的格式接收关于他，或者其提供给控制者的个人数据，并有权无障碍地将这些数据从获得该个人数据的控制者传送给另一个控制者。

此外，务必了解数据最小化，这是解决计划外数据持久化的指导原则。数据最小化应作为一项企业级政策，整合到用于实施和维护数据移动及存储系统的流程中。同样，应使用数据最小化政策来指导数据的归档和销毁。

3.6 数据最小化

数据最小化是指确保收集与实现指定目的明确相关且必需的数据的要求。数据最小化是一项重要的数据管理原则，而且是确保对个人数据实施充分的隐私控制所必需的。随着企业内数据的快速累积，数据最小化变得越来越富有挑战性。

企业往往通过不同流程来收集个人数据，因为该个人可能与企业有多重关系。由于各业务单元或部门彼此独立运行，不同的产品和服务通常由不同的账户或会员资格提供支持。如果个人涉及的关系不止一种，而且每种关系由无交互关系的流程提供支持，那么对企业而言就会产生重复数据。数据孤岛会导致企业内部的数据不一致。

如果使用者通过与企业的互动发现数据不一致，他们普遍会感到失望，因为他们将不得不重复填写表格并面临服务支持的中断。内部用户，特别是分析师和决策者，如果遭遇数据未经逻辑整合便汇集到一个公共访问环境（如数据库、数据仓库和数据湖等）的情况，同样会感到大失所望。请参阅第 3.8 节“数据存储”了解更多信息。

欧盟 GDPR 第 5 (1) (c) 条在涉及个人数据处理的原则中纳入了数据最小化原则：[30]

个人数据应该……充分、相关，且仅限于处理这些数据的目的所需（“数据最小化”）。

虽然 GDPR 的范围并不是全球性的，但它的效力可延伸至处理欧盟公民个人数据的任何企业。GDPR 支持数据最小化的立场贯穿条例全文，其中有五个独立章节提及该原则，反复强调了它在实践中的重要性。由于数据最小化以数据使用限制为依据，归根结底是以数据目的和获取的同意为依据的，因此，GDPR 实质上要求在整个数据生命周期中贯彻数据最小化规则和流程。

有关应用数据最小化原则的要求强调了从企业元数据存储库集中管理隐私要求的重要性。在元数据存储库中，必须有一份全面且经过批准和注释的业务词汇表，因为如果没有该词汇表，实现完整数据集成的可能性将会极小。

3.7 数据迁移

数据迁移是指将数据从源系统永久转移到目标系统。发生数据迁移的原因有很多，包括：

- 更换服务器或存储设备。
- 维护或升级。
- 应用程序迁移。
- 网站合并。
- 灾难恢复。
- 数据中心迁移。

数据迁移的一个典型例子是：企业实施新的会计科目表，或者将数据发送给第三方进行处理。

数据迁移的另一种形式是数据可移植性。数据可移植性的权利允许个人出于自身目的在不同的服务中获取和重新使用其个人数据。它允许个人以安全可靠的方式将个人数据从一个 IT 环境轻松移动、复制或传输到另一个环境，而不影响个人数据的可用性。

从隐私的角度来看，数据从企业迁出并不能完全解除企业的责任，因此有必要实施和监控服务水平协议 (Service Level Agreements, SLA)。[31] 对于企业内部的所有数据，成熟的数据管理基础设施应该沿其生命周期移动的各个关键点实施 SLA。由于企业及其对数据的使用是动态的，因此关键点可能发生变化。在关键节点实施的 SLA 应包含对数据质量和隐私的期望和要求。这些期望和要求应该以政策和业务目标作为指引。

由于数据迁移是数据移动的一种特定情况，因此应单独定义和确立具体的政策、标准、流程和系统。全面且添加注释的数据清单能够对依照 SLA 处理的个人数据进行自上而下精确的监视和控制，这些个人数据既包括使用第三方处理的个人数据，也涉及在内部进行的永久性数据传输。请参阅第 3.1 节“数据清单和分类”。

3.7.1 数据转换

如果源系统和目标系统使用的字段格式或大小不同、文件/数据库结构或编码方案不同，则需要进行数据转换（又称数据移植）。例如，一个数字既可存储为文本或浮点，也可存储为二进制编码的十进制数。

如果源系统和目标系统处于不同的硬件或操作系统平台，或者使用不同的文件或数据库结构（如关联数据库、平面文件和虚拟存储访问方法），通常需要进行转换。

数据转换的目标是在保留数据的含义和完整性基础上，将现有数据转换为新的格式、编码和结构。数据转换流程必须提供如审计轨迹和日志等方法，来校验所转换数据的准确性和完整性。可结合使用手动流程、系统实用程序、供应商工具和一次性专用应用程序来验证准确性和完整性。

由于大规模的数据转换需要大量分析、设计和规划，因而可能成为项目内的一个独立项目。为成功完成数据转换，须执行如下步骤：

- 确定需要使用程序转换的数据，并确定哪些数据需手动转换（如果有）。
- 转换前完成必要的数据清理工作。
- 确定用于验证转换的方法，例如自动文件比较法（以抽样方式比较记录数目和控制总数、账户余额及单个数据项）。

- 为成功转换创建参数（例如，是新旧系统间必须完全一致，还是在定义的范围内可存在一定差异）。
- 排定转换任务的执行顺序。
- 设计审计轨迹报告以便将转换工作记录在案（包括数据映射和转换）。
- 设计异常报告以记录无法自动转换的数据项。
- 确立验证和签字认可各转换步骤的责任，以及验收整体转换工作的责任。
- 开发和测试包括功能和性能的转换程序。
- 执行一次或多次试行转换，让相关人员熟悉事件的执行顺序及自己的角色，并使用真实数据测试端到端的转换流程。
- 通过包含保密、数据隐私、数据销毁和其他保证条款的适当协议，来对转换流程的外包加以控制。
- 在所有必要人员均在场或保持联系的情况下运行实际转换。

3.7.2 完善迁移方案

为确定实施项目的范围，应开展模块分析以确定受影响的功能模块和数据实体。应根据此信息和业务要求分析来完善实施项目的计划。

下一步是制订迁移计划。这是一份将新系统部署用于生产的详细任务清单。在此计划中，应在决策点做出“继续”或者“停止”的决定。以下流程需要决策点。

- 迁移支持流程：必须实施管理企业存储库的支持流程。由于应在项目完成后使用此存储库来管理新架构的软件组件，所以此流程应能够支持未来的开发流程。通过支持原有架构变更的逆向工程并推动生成影响分析报告，企业存储库管理和报告生成功能可为迁移提供支持。
- 迁移基础设施：项目将制定迁移项目基础设施的配置说明。这种方法可确保一致性并提升对回退方案效用的信心。迁移项目团队简要分析新旧数据模型后建立联系，并在后续阶段进行完善。迁移基础设施是指定以下组件的基础：
    - 数据重定向器（临时适配器）：根据良好实践，应分期部署应用程序，以最大限度地降低最终用户对其实施的影响，并采取影响力最小的回退方案来降低风险。因此，在分布式应用程序中，需要在不同的平台上使用基础设施组件处理分布式数据。新架构上的数据重定向器设计与面向服务的架构对应并涵盖以下特性：在运行时能够访问尚未迁移的旧数据；通过 X/Open XA 接口等标准保证数据的一致性；新架构为同一种类。
    - 数据转换组件：通常需要创建企业数据模型来消除数据冗余和不一致。因此，必须提供可将旧数据模型转换为新数据模型的基础设施组件。这些组件的描述如下：
        - 卸载组件，以便复制旧数据库中已确定需要迁移的数据（保持原样或适当修改，以匹配目标系统的数据格式）。
        - 加载组件，以执行将数据加载到新数据库的操作。

完成软件评估后，应立即购置可为数据迁移提供支持的软件包，如 ERP 和文档管理软件。数据转换计划应基于所选供应商提供的可用数据库和迁移工具。

作为项目实施的一部分，应基于数据模型的交易量和更改程度决定使用哪种方法执行数据转换。

回退（回滚）方案

新系统的部署并不总能按计划推进。为降低任务关键型系统停机的风险，良好实践要求，在尝试进行生产转换之前，必须确保撤销迁移所需的工具和应用程序可用。

可能需要作为项目的一部分开发部分或全部此类工具和应用程序。

还必须提供可取消所有更改的组件，以便在新应用程序无法正常工作时，将数据恢复到原始应用程序。应将以下两类组件视为回退应急计划的一部分。

第一类包括：

- 卸载组件，用于从新数据结构中卸载数据。
- 传输组件，用于进行数据转换。
- 加载组件，用于将数据加载到旧数据结构。

第二类包括：

- 日志组件，用于记录服务层内的新数据模型在运行期间的数据修改情况。
- 传输组件，用于进行数据转换。
- 加载组件，用于将数据加载到旧数据结构。

另一个重要的考虑因素是新系统的数据结构。要确定此信息，可通过阅读软件的用户指南，分析实体关系图，了解数据元素之间的关系并回顾新系统中关键术语（如“实体”和“记录”）的定义。

下一步，务必审查有关如何在新系统中执行业务流程的决策。这样便可找出变动内容，并且这一操作的结果是根据数据元素的现有定义生成一份新数据词汇表格。在这一步中，项目团队需确定如何在新系统中定义现有数据。这一步完成后，将进行数据清理以消除当前数据库中的不一致（如果可行），同时查找并解决数据集重复的问题。明确定义并记录转换规则，目的是确保新系统中所执行业务流程生成的结果能够保持数据完整性并维持数据之间的关系。

3.7.3 数据迁移后

如果在预算范围内能够按时交付质量达标的新系统，则说明数据迁移成功。应周密规划数据迁移项目，并采用适当的方法和工具将以下风险降至最低：

- 日常运行中断。
- 破坏数据的安全性和机密性。
- 原有运行平台与迁移后的运行平台之间发生冲突和资源争用。
- 迁移过程中出现数据不一致或丧失数据完整性。

数据模型和新应用程序模型应存储在企业存储库中。通过使用存储库，可在项目开展过程中模拟迁移方案，并保证可追溯性。企业存储库有助于概要了解再造和数据迁移流程（比如了解模块和实体处于使用中、已迁移还是处于其他阶段）。在执行后面部分所述的流程中，会进一步改进这些模型。

数据转换规则由软件开发团队制定。创建数据转换脚本的目的是将数据从旧数据库转换到新数据库，针对为涵盖各类情形而精选出的离散数据进行测试。此过程也被称为“程序”或“单元测试”。编程人员签字认可数据转换脚本后，便可在生产数据库的测试副本上运行脚本。执行各项评估（包括业务流程测试）以验证数据值。对转换脚本进行微调后，用户和开发人员即完成了测试周期。完成测试后，下一步是将经过转换的数据库用于生产。

在数据转换项目中，需要考虑的要点是确保：

- 数据转换的完整性。
- 数据的完整性。
- 转换中数据的存储和安全性。
- 数据的一致性。
- 数据访问的连续性。

转换前从旧平台复制的最后一份数据副本及转换后复制到新平台中的第一份数据副本应在归档中分开保存，以供将来参考。

3.8 数据存储

数据存储技术持续对数据管理（一般情况）和隐私保护（特别情况）产生巨大的影响。顾名思义，大数据指的是庞大的数据集。

对更大数据集的需求增加可由多个因素引起：

- 所有与企业绩效和风险目标有关的数据越来越多，由此带来的竞争和合规性问题。
- 全球人口增长。
- 企业规模扩大。
- 移动设备、社交媒体和物联网的使用范围扩大。
- 数据存储领域的技术进步。

随着容量、种类、速度和准确度方面的限制逐渐被消除，以及更容易随时获取“大”（更多）数据，各种类型数据的分析正逐渐成为可能。这些限制并非被新的大数据技术所消除，而是在新技术与云计算所提供的扩展能力的协同作用下被打破。

无限容量可用性和种类使企业能够重新将其“旧”数据用于新用途。

此外，大数据技术还能通过让企业研究当前数据，从中发现影响经营方式的模式。

除了有经验人员的建议，企业还可通过大数据分析获得决策支持。大数据分析可以生成实时报告和预测分析。

遗憾的是，数据存储领域的技术进步仍未解决在公用存储和访问下整合数据带来的额外挑战。换句话说，仅仅启用更简单的数据访问和存储解决方案，会增加数据质量欠佳和隐私泄露的风险。[32]

在公共领域，人们一直不愿意在宏观层面集中存储个人数据和受保护的数据。这种不情愿的心态源于对单个数据存储区带来单点故障，从而增加大规模数据泄露和系统中断风险的担忧。尽管存在这些担忧，集中化仍然是规模经济的基石，而数据仓库提供了一种解决以上担忧的方法。

标准化代表一种不同于集中化的方法，对于管理数据质量和隐私尤为关键。数据标准意味着共享数据相关知识的集中化，使分布式存储能够像集成系统一样发挥作用。元数据管理实际上就是数据标准化，进一步强调了建立和管理数据清单的重要性。请参阅第 3.1 节“数据清单和分类”以了解更多信息。

为确保实施和遵循元数据存储库所遵从/体现的标准，需要建立一个参考数据平台。参考数据包括广泛的数据，这些数据并非完全静态，而是随时间推移而缓慢发生变化。

元数据存储库中定义的标准代码和值便是参考数据的一个范例。参考数据平台旨在通过中央存储库在一个分布式存储环境中存储标准代码和值并对其部署进行管理。参考数据平台能够实现高效和受控的元数据标准可操作化。

尽管标准能够改善供需链上的互操作性，但许多企业仍然抗拒合作制定共享数据的行业标准。虽然有很多种原因，但这种抗拒主要是因为难以量化投资回报。实施新标准需要进行大规模的系统变更，这些变更十分复杂，在少数情况下甚至可能无法实施。从过往来看，直到出现重大危机证明有必要付出努力，各行业才会开始制定数据标准。例如，华尔街 20 世纪 60 年代末的文书危机促成了 CUSIP（针对交易证券的统一标准识别程序）。[33] 相反，随着重复存储的出现，人力资源被无谓地消耗在通过第三方管理数据流动的变通方案上。

令牌化和端到端加密都是部署在数据存储环境中的技术，旨在控制敏感数据的访问和使用。令牌化涉及使用随机生成的数字（令牌）来取代敏感数据。同样，加密也会对敏感数据（明文）进行转换，但它将敏感数据转换为密文而非数字。请参阅第 2.11 节“加密、哈希运算和去身份识别”了解更多信息。

随着支持数据安全功能的数据存储技术不断增多，集中式与分布式存储环境的风险差距正在缩小。但是，数据存储技术的增加并未解决数据仓库缺乏集成和标准的问题。因此，企业仍然面临不必要的操作和隐私风险。同样，隐私标准也会随时间而变化。如果缺乏元数据管理，监视和控制数据层面变化的工作就会十分烦琐，而且缺乏透明度。请参阅第 3.1 节“数据清单和分类”以了解更多信息。

3.9 数据仓库

虽然数据仓库通常被视同为大型数据库，但它实际上是一门关于数据集成方法的学科，而不限于特定的技术或由其得出的设计。数据仓储方法涉及对独立数据源的整合结果进行分层，生成有组织的数据并交付至多个用户。该流程至少可分解为两个基本组成部分：分级和表示。

3.9.1 提取、转换、加载

通过多个层实现端到端的数据移动的过程一般称作提取、转换和加载 (Extract, Transform and Load, ETL)：

- 数据**提取**是指从一个或多个数据源获取数据的过程。
- 数据**转换**是指转换从一个或多个数据源提取的数据的过程，以便为加载数据到目标系统做准备。
- 数据**加载**是指将来自一个或多个数据源且经过转换的数据添加到目标系统的过程。

ETL 组件各自遵循或简单或复杂的规则，具体取决于数据源的性质和目标层的目的。

分级层

分级层（数据规范化）负责处理输入的数据，而表示层负责处理数据仓库输出的数据。

在分级层中，数据必须保持原样，这一点很重要。这是因为其目的是生成源系统数据的镜像。通过在该层生成源系统数据的镜像，可以识别和解决上游（源系统）或下游（目标系统）可能出现的任何缺陷。

相应地，用于数据规范化的转换规则极少，而用于管理数据提取的规则可能更为复杂。数据提取过程必须根据每个源系统所支持的方法量身定制。为确保已获取所有数据，有必要将提取操作与源系统同步。

表示层

表示层需要遵循更复杂的规则以符合目标设计的要求，为其实现最终目标做准备。虽然在分级层进行的转换极少，但为了优化下游用户的效率与效果，表示（访问）层的目标设计被高度完善和组织。因此，数据转换规则通常比较复杂。

很多数据质量错误都源于忽视了数据进出仓库的移动过程。由于源系统的意外变化，到分级层的数据规范化过程可能出错。超出正常水平的数据量可能需要更多的处理时间，进而给数据可用性带来延迟。如果不加留意，可能无法发现在正常批处理后进行的数据纠正。意外的格式和代码变更可能影响提取过程。相反，仓库下游的使用往往采用电子表格的形式，数据和元数据的修复通常在这些电子表格上进行。

3.9.2 其他注意事项

虽然数据仓库一般停留在表示层或访问层，但考虑到吞吐量和尽量减少返工，成熟的数据导向型企业会对数据应用精益制造的理念。[34] 换句话说，仅仅宣称数据仓库正常工作是不够的，因为数据可能在下游遭到破坏。

从业务角度来看，数据并不局限于仓库中的数据。数据被视为一个开放式系统，既能支持也能损害业务绩效质量，因而对数据进行全生命周期管理是必要的，包括关注仓库以外的数据损坏。请参阅 A 部分：“数据目的”了解更多信息。之所以会出现仓库之外的数据损坏，是因为不知道数据的存在、无法访问数据，或者仓库没有数据用户所需的数据。

作为已实施的系统，数据仓库一般是为了服务整个企业而构建，而较小的数据集成系统则称为数据集市。建立数据集市的目的比较局限，例如用于某一业务线或一组特定的业务功能。在理想情况下，数据集市依赖于数据仓库。即使它们的范围不同，数据集市和数据仓库都是为了优化数据访问，从而支持实现最佳的业务绩效。

数据仓库具有更强的数据控制，为实现隐私目标提供了支持。为了确保符合数据质量和隐私政策的合规性，数据仓库应实现标准化、妥善记录及端到端的管理。请参阅第 3.1 节“数据清单和分类”以了解更多信息。

3.10 数据保留和归档

数据保留和归档是一门学科，通过政策、标准、流程和程序确保持久数据的存储符合法律和业务数据归档的合规要求。

GDPR 第 5 (1)(e) 条规定：[35]

> *个人数据应 …… 以能够让数据主体识别的形式保存，保存时间不得超过处理个人数据的目的所需的时间；根据第 89(1) 条，如果是仅为基于公共利益的归档目的、科学或历史研究目的，或统计目的而处理个人数据，则个人数据可以存储更长时间，但须实施本条例所要求的适当技术和组织措施，以保障数据主体的权利和自由（"存储限制"）。*

数据的保留和归档主要是为了满足业务和监管目的。数据保留和归档应根据既定的计划、归档规则、数据格式及允许的存储方法、访问和安全协议（令牌化、加密和匿名化）来执行。

有关数据保留的要求源自多个不同的来源：

- 内部要求应该与数据限制政策保持一致。
- 即使对于相同的数据，源自法律法规的外部要求也会有所不同。

考虑到各种要求高度重叠，数据保留政策必须提供满足各方要求的实用指引。

保留政策倾向于关注敏感数据，并为保留计划和归档规则提供指引。保留政策和计划倾向于处理 PII 和 PHI 等数据类别。因此，为确保合规性，需要对所有应用程序中的敏感数据采用最新的权威识别方式。数据保留的标准方法从数据清单和分类开始。请参阅第 3.1 节"数据清单和分类"以了解更多信息。

3.11 数据销毁

在数据所需保留的期限到期时，会进行数据销毁。由于数据销毁依赖数据保留，因此需要清晰了解数据使用的目的和获得的同意。请参阅第 3.1 节"数据清单和分类"以了解更多信息。

例如，请注意，GDPR 第 17 条的具体条款阐述了有关同意和数据目的的要求。

GDPR 第 17 (1) 条规定：[36]

数据主体有权要求控制者清除与其相关的个人数据且不得有不当延误，而控制者有义务出于下列任何理由清除个人数据且不得有不当延误:

A. *个人数据对于完成其被收集或处理时的相关目的已无必要。*

B. *数据主体根据第 6(1) 条 (a) 款或第 9(2) 条 (a) 款撤回处理数据所依据的同意，以及没有处理数据的其他合法理由时。*

C. *数据主体反对与第 21(1) 条相关的数据处理而且没有处理数据的优先合法理由，或者数据主体反对与第 21(2) 条相关的数据处理。*

D. *个人数据被非法处理。*

E. *为符合控制者应遵守的欧盟或成员国法律所规定的法律义务，必须清除个人数据。*

F. *个人数据的收集与第 8(1) 条所述的提供信息社会服务有关。*

可采用不同的方法清除数据。

3.11.1 数据匿名化

数据匿名化以不可逆转的方式从数据集中删除个人识别信息，从而使数据所描述的个人保持匿名。换句话说，数据匿名化是令牌化的一种形式，会导致原始数据完全无法恢复。请参阅第 3.8 节“数据存储”了解有关令牌化的更多信息。如果未匿名数据经过整理可能泄露个人身份（如电话号码、账号或任何可用于查找相关个人的数据集合），则数据匿名化可能面临风险。

3.11.2 删除

删除是清除数据的一种方法，保留了可重写介质的可重用性。删除记录的风险在于，删除的方法通常能让数据完整地留在存储介质上。例如，从桌面垃圾箱中清除的数据并不会立即被删除。这些数据会被标记为删除状态，在新数据存储时被覆盖。

3.11.3 加密粉碎

加密粉碎不同于数据删除，前者仅删除加密密钥。在没有加密密钥的情况下，数据将处于无法访问的状态。加密粉碎要求所有写入磁盘的数据都要进行加密。在对数据删除方式的控制较少的情况下（例如在基于云的系统上），加密粉碎非常有用。

3.11.4 消磁

消磁指将数据从磁性介质中擦除，使硬盘驱动器几乎可以重复使用。消磁是通过改变磁性存储介质的磁场来永久销毁数据。消磁是销毁数据的首选方法，因为仅销毁驱动器可能留下包含可读数据的介质碎片。

3.11.5 销毁

销毁是停止数据使用的一种暴力方法，涉及对存储介质进行物理销毁。在没有消磁的情况下，已销毁介质的碎片仍可以被读取。因此，当与消磁结合使用时，销毁会更加有效。

妥善销毁的数据不会留下任何存在的痕迹。虽然个人有选择数据被遗忘的权利，但这种权利不是绝对的。尽管存储数据确实会增加超过时效的法律责任，但哪些数据会构成重要的历史事实，往往要到很久以后才会明确。

如果保留数据的预期效益未知，则保存或是销毁变得难以权衡。这意味着应该进行比实际更多的数据销毁。相反，准则中的灰色地带导致人们不愿意销毁数据。限制使用敏感数据（PII 和 PHI）的数据目的原则，为做出这类判断并在政策中加以明确提供了现实可行的依据。

---

[1] Chrissis, M.；M. Konrad；S. Shrum；*CMMI for Development*，3rd Edition，Addison-Wesley，美国，2011 年
[2] *Op cit* ISACA 2016 年
[3] *Op cit* 欧议会
[4] 信息专员办公室，“Data protection by design and default,” https://ico.org.uk/for-organisations/guide-to-data-protection/guide-to-the-general-data-protection-regulation-gdpr/accountability-and-governance/data-protection-by-design-and-default/
[5] *Op cit* ISACA，2016 年
[6] *同上*。
[7] CMMI Institute，*数据管理成熟度模型*，美国，2019 年
[8] *Op cit* ISACA2017 年
[9] *Op cit* CMMI 研究院

[10] *同上。*
[11] *同上。*
[12] Beale, T.; F. Smith; L. Dodds; P. L'Henaff; D. Yates; *How to Create a Data Inventory*，开放数据研究院，英国，2018 年
[13] *同上。*
[14] *数据目录词汇 (DCAT) – 第 2 版*，2020 年 2 月 4 日，www.w3.org/TR/vocab-dcat/
[15] *Op cit* Beale
[16] Profisee，"Data Quality—What, Why, How, 10 Best Practices & More!"，https://profisee.com/data-quality-what-why-how-who/
[17] Knight, M.; "What Is Data Quality?"，Dataversity，2017 年 11 月 20 日，www.dataversity.net/what-is-data-quality/
[18] *Op cit* CMMI 研究院
[19] Ambler, S.; *The Object Primer: Agile Model-Driven Development With UML 2.0*，3rd Edition，Cambridge University Press，美国，2004 年
[20] *Op cit* CMMI 研究院
[21] *同上。*
[22] *Op cit* 欧洲议会
[23] Green, A.; "What is User Behavior Analytics?"，*Varonis*，2020 年 3 月 29 日，www.varonis.com/blog/what-is-user-behavior-analytics/
[24] Johnson, J.; "User behavioral analytics tools can thwart security attacks," *SearchSecurity, 2015 年 5 月,* https://searchsecurity.techtarget.com/feature/User-behavioral-analytics-tools-can-thwart-security-attacks
[25] *Op cit* Green
[26] *同上。*
[27] *Op cit* Johnson
[28] *Op cit* CMMI 研究院
[29] *Op cit* 欧洲议会
[30] *同上。*
[31] *Op cit* CMMI 研究院
[32] Woods, D.; "How to Create a Moore's Law for Data"，*Forbes*，2013 年 12 月 12 日，www.forbes.com/sites/danwoods/2013/12/12/how-to-create-a-moores-law-for-data/#7239f3c544ca
[33] "The Paperwork Crisis"，*The Shareholder Service Optimizer*，2008 年，https://optimizeronline.com/the-paperwork-crisis/
[34] *Op cit* CMMI 研究院
[35] *Op cit* 欧洲议会
[36] *同上。*

附录 A CDPSE 考试常规信息

ISACA 是一个由专业会员组成的协会，由对信息系统审计、鉴证、控制、安全、治理和数据隐私感兴趣的人士组成。CDPSE 认证工作组负责为 CDPSE 认证计划制定政策并主持考试。

注：由于有关 CDPSE 考试方面的信息可能发生变化，因此请参阅 ISACA 网站了解最新信息。

认证要求

CDPSE 认证资格授予已达到以下要求的人士：(1) 在 CDPSE 考试中考试及格；(2) 遵守《职业道德规范》；(3) 遵守继续教育政策；(4) 有能力为降低 IT 隐私风险的解决方案整合提供支持，且在这方面的工作经验达到最低要求。

成功完成 CDPSE 考试

本考试对所有有意向应试的人员开放。成功通过考试的考生必须先申请认证（并且证明他们符合所有要求）并获得 ISACA 批准后，才能获得认证。

数据隐私经验

CDPSE 考生必须满足规定的经验要求才能获得认证。有关经验要求和免除工作经验要求的清单，请参阅 ISACA 网站。

工作经验必须在 CDPSE 认证申请日之前的十年内，或首次通过考试之日起的五年内获得。从通过 CDPSE 考试当天算起，必须在五年内提交填写完毕的认证申请。所有工作经验证明必须分别经过相关雇主证实。

考试介绍

CDPSE 认证工作组负责监管 CDPSE 考试的开发过程，并确保其内容的时效性。CDPSE 的考试题目均是通过一套旨在提高最终考试质量的多层流程进行开发的。

考试的目的是评估考生在数据隐私方面的知识和经验。考试试题为 120 道选择题，考试时间为 3.5 小时。

报名参加 CDPSE 考试

CDPSE 考试在合格的考试地点长期进行。具体的考试报名信息（包括报名、预约安排和考试语言，以及关于考试日的关键信息），请参阅 ISACA网站上的《ISACA 认证考试指南》。可通过 ISACA 网站在线进行考试报名。

CDPSE 计划再次通过 ISO/IEC 17024:2012 认证

美国国家标准协会已经依照 ISO/IEC 17024:2012 标准投票决定继续承认 CISA、CISM、CGEIT、CRISC 和 CDPSE 认证计划，该标准是对从事个人资格认证的团体的一般性要求。ANSI 是一家私营非营利组织，专门对作为第三方产品、系统和人员认证机构的其他组织进行鉴定。

ISO/IEC 17024 标准规定了按特定要求进行个人资格认证的组织应遵守的要求。ANSI 将 ISO/IEC 17024 描述为“预期在促进认证领域的全球标准化、推动跨国人才流动、加强公共安全和保护消费者方面，将扮演突出的角色”。

ANSI 鉴定具有以下作用：

- 推广 ISACA 认证所提供的特有资质和专业知识技能。
- 保护认证的信誉并提供法律保护。
- 增强消费者和公众对本认证及其持有人的信心。
- 促进跨国、跨行业的人才流动。

通过 ANSI 鉴定即表明 ISACA 的认证程序符合 ANSI 有关开放、均衡、普遍认可和适当程序方面的基本要求。由于通过了此鉴定，ISACA 预计 CISA、CISM、CGEIT、CRISC 和 CDPSE 持证人将会继续受到来自美国和世界各地的良好机会的青睐。

预约安排考试日期

可以直接在 My ISACA Certification 界面中预约 CDPSE 考试。完整说明请参阅《ISACA 认证考试安排指南》。考试可以安排在任何可用的时间段。原定预约时间前至少 48 小时可以重新安排考试。在离原定考试日期 48 小时之内，必须参加本次考试，报名费不予退还。

考试入场

在考试当天之前，请确保：

- 找到考场并确认开始时间。
- 计划在考试开始前 15 分钟到达考场。
- 计划存放个人物品。
- 确认考试日规则。

必须提供可接受的身份证件才能进入考场。有关可接受的身份证件，请参阅《ISACA 认证考试指南》。

不得携带以下物品进入考场：

- 参考材料、纸张、笔记本或语言词典。
- 计算器。

- 任何类型的通信、监视或记录设备，包括：
  - 手机。
  - 平板电脑。
  - 智能手表或智能眼镜。
  - 移动设备。
- 任何类型的提包，包括手袋、钱包或公文包。
- 武器。
- 烟草类产品。
- 食品或饮料。
- 访客。

如果在考试期间查出有考生携带任何此类通信、监控或记录设备，则该考生必须立即离开考场，其成绩将被视为无效。

在完成考试并提交考卷之前，带入考场的个人物品必须存放在储物柜或其他指定区域。

避免可能导致您的考试成绩无效的活动。

- 制造干扰。
- 提供或接受帮助 —— 使用字条、纸张或其他辅助工具。
- 试图代考。
- 在考试期间持有通信、监视或记录设备，包括但不仅限于手机、平板电脑、智能眼镜、智能手表、移动设备等。
- 试图共享考试中包含的试题、答案或其他信息（因为这些是 ISACA 的保密信息），包括在考试后共享试题。
- 未经允许离开考场。（您将不得返回考场。）
- 在考试结束前存取个人物品区存放的物品。

安排时间

考试时间为 3.5 小时。回答每个问题的平均时间略多于 1.5 分钟。因此，建议考生掌握好节奏，以便完成所有问题。

考试评分

考生的成绩按照比率分数来报告。比率分数是将考生的原始考试分数转换为通用比例后所得的分数。ISACA 按照从 200 ~ 800 的通用比例来使用和报告分数。

考生必须达到或超过 450 分才能通过考试。450 分是 ISACA 的 CDPSE 认证工作组所制定的最低统一知识标准。如果考生考试分数及格，且符合所有其他要求，即可申请认证。

通过考试并不等于获得 CDPSE 资格认证。要成为 CDPSE，每位考生必须满足所有要求，包括提交认证申请和获得认证审批。

CDPSE 考试包含一些仅为研究和分析目的而采用的考题。这些问题未单独标识，考生的最终成绩仅基于普通评分考题。尽管每个考试都有不同的版本，但仅普通评分考题用于评定成绩。

考生的考试分数低于 450 分为不及格。考生需重新报名并支付相应的考试费，才可重新参加考试。为帮助考生将来的学习，各考生收到的成绩单将包含一份按内容领域的分数分析。

考试结束时将在屏幕上立即收到初步成绩。**正式成绩将在 10 个工作日内通过电子邮件发送，也可以在线查看**。无法提供具体考题的结果。

要获得 CDPSE 认证，考生必须通过 CDPSE 考试，并且必须完成并提交认证申请（而且还必须收到 ISACA 批准该申请的确认信息）。可以在 ISACA 网站上提交该申请。申请批准后，会给申请人发送确认信息。考生申请得到批准之前，该考生并未被视作 CDPSE 认证人员，无法使用 CDPSE 资格认证。每次申请 CDPSE 认证时须提交手续费。

考试成绩不合格的考生可以在考试成绩发布后 30 天内申请成绩复查。所有的申请都必须包含考生姓名、考号及邮寄地址。每份申请须同时提交 75 美元的费用。

附录 B CDPSE 工作实务

知识子域

领域 1：隐私治理 (34%)

A. 治理

1. 个人数据和信息
2. 不同司法管辖区的隐私法律和标准
3. 隐私记录
4. 法律目的、同意和合法权益
5. 数据主体的权利

B. 管理

1. 与数据有关的角色和职责
2. 隐私培训和意识
3. 供应商和第三方管理
4. 审计流程
5. 隐私事件管理

C. 风险管理

1. 风险管理流程
2. 隐私影响评估
3. 与隐私有关的威胁、攻击和漏洞

领域 2：隐私架构 (36%)

A. 基础设施

1. 技术栈
2. 基于云的服务
3. 终端
4. 远程访问
5. 系统加固

B. 应用程序和软件

1. 安全开发生命周期
2. 应用程序和软件加固
3. API 和服务
4. 跟踪技术

C. 技术隐私控制

1. 通信和传输协议
2. 加密、哈希运算和去身份识别
3. 密钥管理
4. 监控和日志记录
5. 身份和访问管理

领域 3：数据生命周期 (30%)

A. 数据目的

1. 数据清单和分类
2. 数据质量
3. 数据流和使用图
4. 数据使用限制
5. 数据分析

B. 数据持久化

1. 数据最小化
2. 数据迁移
3. 数据存储
4. 数据仓库
5. 数据保留和归档
6. 数据销毁

任务说明

1. 确定组织隐私计划和实务的内外部要求。
2. 参与评估隐私策略、计划和政策是否符合法律要求、监管要求和行业最佳实践。
3. 协调和/或执行隐私影响评估和其他以隐私为重点的评估。
4. 参与制定符合隐私政策和业务需求的程序。
5. 实施符合隐私政策的程序。
6. 参与对合同、服务水平及供应商和其他外部相关方实务的管理和评估。
7. 参与隐私事件管理流程。
8. 与网络安全人员合作进行安全风险评估流程，以解决有关隐私合规和风险缓解的问题。
9. 与其他从业人员合作，确保在设计、开发和实施系统、应用程序及基础设施期间遵循隐私计划和实务。
10. 评估企业架构和信息架构以确保其支持隐私设计原则和相关考虑因素。
11. 评估隐私增强技术的发展及监管环境的变化。
12. 根据数据分类程序识别、验证和实施适当的隐私与安全控制。

13. 设计、实施和/或监控流程和程序，以维护最新的清单和数据流记录。

14. 制定和/或实施隐私实务的优先级确定流程。

15. 制定、监控和/或报告与隐私实务有关的绩效指标和趋势。

16. 向利益相关方报告隐私计划和实务的状态与成果。

17. 参与隐私培训并加强隐私实务方面的意识。

18. 识别需实施补救的问题和流程改进机会。

词汇表

A

安全开发生命周期：将安全性相关工作纳入软件开发生命周期通盘考虑。

安全意识：熟悉、注意、意识到并清楚了解特定主题，这暗示知晓并理解某一主题并按其行事。

B

保护措施：旨在充分降低风险的措施。

编辑：确保数据符合预定的标准并能尽早识别出潜在错误。

标识符：可在给定的情境中，明确区分一个实体与另一个实体的一组属性值，使这个实体可以明确地区别于所有其他实体，并被识别为一个单一的身份。

标准：经过公认的外部标准机构（例如国际标准化组织）批准的强制性要求、实践准则或规范。

并发访问：一个故障切换过程，在此过程中，所有节点运行相同的资源组 [并发资源组中不能有（Internet 协议）IP 或（强制访问控制）MAC 地址] 并且并行访问外部存储。

不可否认性：保证某一方在以后无法否认原始数据；提供证据证明数据的完整性和来源的证明，并可由第三方进行验证。

范围说明：数字签名可提供不可否认性。

C

Cookie：保存在用户的 Web 浏览器上，用于识别访问网站的用户和特定网页的信息。

范围说明：首次设置 Cookie 时，用户可能需要注册。此后，当 Cookie 的信息发送到服务器时，就会根据用户的偏好生成一份特制视图。但是，浏览器使用 Cookie 也带来了一些安全隐患，比如安全性被破坏及个人信息泄露（例如，用于验证用户身份和启动受限的 Web 服务的用户密码）。

擦除：也称为被遗忘权，即数据主体可以要求控制者删除与其有关的个人数据的权利。

层次数据库：以树状结构或者父与子关系形式为结构的数据库。

范围说明：每个父项可以拥有多个子项，但每个子项只允许拥有一个父项。

程序：详细说明根据适用标准执行具体操作的必要步骤的文档。程序被定义为流程的组成部分。

重新识别：通过将匿名数据与可公开获取的信息或辅助数据进行匹配，来发现已被去识别化的数据所对应的个人。

处理：对个人数据进行收集、记录、整理、结构化、存储、调整或更改、检索、查询、使用，以及通过披露、传播或以其他方式提供、调整或组合、限制、擦除或销毁等操作，无论是否以自动化的方式进行，这些对数据进行的操作，都可称为数据处理。

处理限制：对存储个人数据进行标记，以限制未来对这些数据进行的处理。

处理者：代表控制者处理个人数据的自然人或法人、政府当局、机构或其他实体。

垂直纵深防御：在硬件、操作系统、应用程序、数据库或用户层等不同的系统层次部署控制。

磁卡读取器：用于具有磁性表面的卡片，可读取储存和检索数据。

磁盘镜像：在两个硬盘的单独卷中复制数据的做法，从而使存储的容错性更高。镜像在磁盘故障情况下提供数据保护，因为数据持续更新到两个磁盘。

存储限制：一种处置原则，规定个人数据必须以允许识别数据主体的形式保存，且保存时间不得超过处理个人数据的目的所需的时间。

D

单因素认证 (SFA)：仅需用户 ID 和密码即可授予访问权限的身份认证过程。

地理信息系统 (GIS)： 一种用来整合、转换、处理、分析和产生有关地球表面的信息的工具。

范围说明：GIS 数据以地图、三维虚拟模型、列表和表格等形式存在。

地址： 1. 一个数字、字符或一组字符，用来标识一个给定的设备或存储位置，其中可能包含数据或程序步骤。

2. 用标识数字、字符或字符组来表示一个设备或存储位置。

第三方： 除数据主体、控制者、处理者及获得控制者或处理者直接授权的个人之外，被授权处理个人数据的自然人或法人、政府当局、机构或其他实体。

电路交换网： 一种数据传输服务，它要求在可将数据从源数据终端设备 (DTE) 向目标 DTE 传输之前建立电路交换连接。

范围说明：电路交换数据传输服务使用连接网络。

电子认证业务规则 (CPS)： 管理证书颁发机构操作的详细规则集。它介绍了特定认证机构 (CA) 所颁发认证的价值和可信度。

范围说明：它阐述了企业遵守的控制条款，用于验证认证申请人真实性的方法及 CA 对其证书使用方法的期望。

电子数据交换 (EDI)： 交易（信息）在两个企业间以电子方式传输。EDI 可推动更高效的无纸化环境。EDI 传输可以取代标准文档的使用，其中包括发票和采购订单。

对称加密法： 对称加密法是使用单一密钥对数据进行加密的一种算法。在对称加密算法中，加密和解密使用的是单一密钥。

对称密钥加密： 一种加密机制。每一组通信的参与方使用同一组密钥用于加密和解密，以确保其他人不能读取其消息。另请参阅“私钥加密系统”。

对照程序： 一种使用逻辑或条件测试来检查数据，以确定或识别相似及差异的程序。

多因素认证： 多种身份认证方法的组合，例如令牌和密码（或者个人身份识别码或令牌和生物识别特征设备）。

E

遏制： 已确认事件发生后，为降低损害而采取的措施。

F

法规： 由有关机构为规范行为而定义和执行的规则或法律。

访问方式： 用于一次选择一个文件中的记录以进行处理、检索或存储的技术。访问方法与文件组织有关，但与文件组织有别（后者确定如何存储记录）。

访问控制： 控制对信息系统和资源的访问，以及对工作场所实际访问的流程、规则和部署机制。

访问控制表： 计算机内部访问规则的列表，其内容关乎登录 ID 和各计算机终端机在计算机系统资源上所允许的访问控制级别。

访问控制列表 (ACL)： 计算机访问规则列表，主要是登录 ID 和各计算机终端进行计算机访问控制级别的内容。

范围说明：也被称为“访问控制表”。

访问路径： 最终用户用来访问计算机化信息的逻辑路径。

范围说明：通常是一条通过操作系统、电信软件、已选定应用软件和访问控制系统的路径。

访问权限： 授予用户、程序或工作站以在系统中创建、更改、删除或查看数据和文件的权限，这些权限由数据所有者建立的规则和信息安全策略定义。

非对称加密算法： 大多数非对称加密算法的实施，都将一个公开分发的公钥和一个严格保密的受保护私钥组合在一起。由公钥加密的信息只能由指定的对应私钥进行解密。

非对称式密钥（公钥）： 使用不同密钥加密和解密信息的密码技术。

范围说明：请参阅“公钥加密”。

分析：对个人数据进行自动处理的过程，用于评估或做出关于个人的决定。个人数据自动处理的形式，包括使用个人数据来评估与自然人有关的某些方面，特别是分析或预测与该自然人的工作绩效、经济状况、健康、个人偏好、兴趣、可靠性、行为、位置或行动有关等。

分组密码：一种以位块（字符串或组）为单位，对明文进行运算的公共算法。

风险：事件发生的可能性及其影响的组合。

风险分析：1. 用来估算 IT 风险场景的频率和程度的流程。

2. 风险管理的初始步骤是分析资产对企业的价值、找出对这些资产的威胁并评估每项资产相对于这些威胁的脆弱程度。

范围说明：风险分析通常涉及对特定事件可能发生的频率及该事件的可能影响的评估。

风险管理：1. 在风险方面对企业进行指导和控制的协调活动。

范围说明：在国际标准中，术语“控制”与“措施”是同义词。

2. 治理目标之一，包括识别风险，评估该风险的影响和可能性，以及制定战略，例如规避风险、降低风险的负面影响和/或转移风险，以将风险维持在企业的风险偏好之内。

范围说明：COBIT 5。

风险来源：单独或组合后有可能引起风险的因素。

风险评估：用于识别和评估风险及其潜在影响的流程。

范围说明：风险评估用于识别为企业带来高风险、漏洞或暴露的项目或领域，以便纳入信息系统年度审计计划。

风险评估也用于管理项目交付风险与项目效益风险。

风险评价：将估计的风险与制定的风险标准进行比较以确定风险重要程度的过程。［ISO/IEC 指南 73:2002］

否认性：一方否认交易，或者否认全部或部分参与该交易，或者否认与该交易相关的通信内容。

G

高级加密标准 (AES)：支持长度为 128 ~ 256 位密钥的公钥算法。

个人识别码 (PIN)：一种密码（分配给个人的秘密数字），与某些识别个人身份的方法结合使用，可以验证个人的真实性。

范围说明：金融机构已将 PIN 应用到电子资金转账 (EFT) 系统中，作为一种对客户进行认证的主要方法。

个人识别信息 (PII)：任何可用于在信息与特定自然人之间建立联系，或者已经或可能直接或间接关联到特定自然人的信息。

个人数据：与已识别或可识别的自然人有关的信息。

个人数据泄露：任何意外或非法破坏、丢失、更改、未经授权的披露或访问对象数据的情况。

个人信息：个人数据的同义词。

公钥：在非对称加密方案中，可以广泛公布以使得该方案可操作的密钥。

公钥基础设施 (PKI)：用于将加密密钥关联到已颁发密钥的实体的一系列流程和技术。

公钥加密系统：公钥加密系统将一个广泛分发的公钥和一个严格保密的受保护私钥组合在一起。由公钥加密的信息只能由特定算法生成的对应私钥进行解密。反过来，只有对应的公钥才能解密出对应私钥加密过的数据。请参阅“非对称加密算法”。

故障切换：将服务从失效的主要组件转移到备用组件上运行。

关键基础设施：此类系统一旦无法正常工作或被破坏，可能对企业、组织或国家的经济安全造成重大影响。

关键性：特定资产或职能对企业的重要性，以及该资产或职能不可用时的影响。

管理控制：有关业务有效性、效率和遵守规章制度和管理政策的规则、程序和惯例。

管理权限：提升或增加授予某个账户的特权，以便该账户管理系统、网络和/或应用程序。管理访问权限可分配给个人账户或内置的系统账户。

归档系统：可根据特定标准查阅的结构化个人数据集，无论是集中式、分散式，还是按功能或地理分布。

规范化：将提取到的信息转换为调查人员能够理解的格式的过程。

范围说明：另请参阅“规范化”。

国际组织：一种受国际公法管辖的组织及其附属机构，或由两个或两个以上国家之间的协定所设或根据该协定所设的任何其他机构。

H

哈希：加密哈希函数接受任意长度的输入并输出标准大小的二进制字符串（也称为消息摘要）。输出对输入而言是唯一的，即使输入有细微变更，也会产生完全不同的输出。现代加密哈希函数还能抵御碰撞（不同输入产生相同输出的情况）；碰撞虽然有可能发生，但在统计学上是不可能的。开发加密哈希函数是为了确保无法从输出值轻易地猜解出输入值。

哈希函数：1. 一种将一组位映射或转换为另一组位（通常较小）的算法，以便每次使用同一条消息作为输入执行该算法时，产生一条相同的结果。

2. 以数学方式从文本消息中提取的固定值。

哈希校验和：文档或计算机文件中任何数值数据字段的总和。参照相同字段的控制总数核对该总和，以提高处理的准确度。

哈希运算：使用哈希函数（算法）创建验证消息完整性的哈希值或校验和。

合法权益：合法处理数据的基础。

合规性：遵守法律和法规的强制性要求，以及由合同义务和内部策略产生的自愿要求，并证明已遵守这些要求的能力。

合理性检查：将数据与预先定义的合理限值或既定发生率进行比较。

合规性文件：记录需要或禁止的行为的政策、标准和程序。违规可能受到纪律处分。

后果：已知风险造成的结果。后果可能是确定或不确定的，可能对目标造成积极或消极的直接/间接影响。后果可以用定性或定量的方式表示。

I

IT 架构：描述企业 IT 组件的基本底层设计、各组件间的关系及组件支持企业目标的方式。

IT 用户：利用 IT 来支持或实现业务目标的人员。

J

机密性：通过经过授权的访问和披露限制来实现，其中包括保护隐私权和专有信息的手段。

基因数据：与自然人遗传的或获得的遗传特征有关的个人数据，这些数据可提供有关该自然人生理或健康的独特信息，特别是从对有关自然人的生物样本的分析中得出的。

计算机顺序检验：验证控制号是否按顺序排列，任何不按顺序的控制号均被拒绝，或者在异常报告中注明，以供进一步研究。

技术栈：用于构建和运行应用程序的底层元素。

继承（对象）：具有严格层次结构（没有多重继承）的数据库结构。继承可以启动其他对象，而不受类层次结构的影响，因此没有严格的对象层次结构。

加固：对计算机或其他网络设备进行配置以抵抗攻击。

加密：获取未加密消息（明文），对其应用数学函数（使用密钥的加密算法）以生成加密消息（密文）的过程。

加密法：一种执行加密的算法。

加密密钥： 一段数字化形式的信息，结合加密算法便可将明文转换为密文。

加密算法： 用来对数据进行加密/解密的数学函数或计算；可能是分组密码或串流密码。

假名化： 假名化技术是指用生成的新字符，即假名(Pseudonym)，取代原来的直接标识符，使得在不借助额外信息的情况下无法识别出个人信息主体。

架构： 描述业务系统各组件或业务系统的一个要素（例如技术）的根本基础设计、它们之间的关系，以及它们如何支持企业目标。

监管机构： 独立的公共权力机构。

监管要求： 企业必须遵守的用于监管行为的规则或法律。

健康相关数据： 与自然人身心健康有关的个人数据，包括提供可揭示其健康状况的医疗保健服务。

鉴证： IT 审计和鉴证专业人员依据两个或更多当事方之间的责任关系出具书面证据，对责任方所负责的主题事项做出结论。鉴证是旨在为报告的读者或用户就主题事项提供一定程度保证或控制而设计的多项相关活动。

范围说明：鉴证活动通过审查控制措施，以确认对规定的标准和惯例及协议、许可、法律和法规的遵守情况，为经审计的财务报表提供支持。

接收方： 向其披露个人数据的对象，包括自然人或法人、政府当局、机构或其他实体（无论是否为第三方）。然而，根据国家法规在特定调查框架内可能接收个人数据的政府当局不应视为接收方。这些政府当局对这些数据的处理应按照处理目的遵守其适用的其他数据保护规则。

解密： 一种将密文还原为原始明文以使读者理解的技术。解密是加密的逆过程。

解密密钥： 一段数字信息，用于进行解密从而将相应密文还原为明文。

介质访问控制 (MAC)： OSI 模型中的数据链路层的下层子层。

介质访问控制 (MAC) 地址： 分配给网络接口用于在物理网络段上进行通信的 48 位唯一标识符。

介质氧化： 由于暴露在含氧气和湿气的环境下而导致的以数字方式存储数据的介质老化。

范围说明：例如，磁带在温暖而潮湿的环境下发生老化。应该采取适当的环境控制措施来阻止这一过程或使该过程明显延缓。

尽职调查： 在开展客观和彻底的调查、审查和/或分析时，这些行动通常被视为是谨慎的、负责的和必要的。

纠正： 数据主体可以要求纠正其不正确的个人数据。

具有约束性的企业规则 (BCR)： 主要针对在欧盟经营的跨国企业，其在不同国家分支机构之间的数据传输与流动时，需在企业内部制定出一整套保护公民隐私的措施及规定。

决策支持系统 (DSS)： 一种交互式系统，可以使用户方便地访问决策模型和数据，以支持半结构化的决策任务。

K

可接受风险： 根据管理层的意愿，在可容忍或可接受范围内的风险。

可接受使用策略： 在访问者与被访者之间通过提前定义访问协议，明确各方网络访问权限和可批准使用范围的一项策略。

可靠信息： 准确、可考证和来自客观来源的信息。

范围说明：请参阅 COBIT 5 信息质量目标。

可能性： 某事发生的概率。

可识别的自然人： 可直接或间接识别的个人，特别是通过引用一个标识符，比如一个名字、身份证号码、位置数据、在线标识符或特定的一个或多个因素的物理、生理、遗传、心理、经济、文化和社会身份的自然人。

可识别性： 导致基于一组给定的个人识别信息 (PII) 直接或间接地识别 PII 主体的条件。

可用性： 确保及时、可靠地访问和使用信息。

控制： 管理风险的手段，包括政策、程序、准则、实务或组织结构，可以是行政、技术、管理或法律等方式。

范围说明：也用作保护措施或对策的同义词。

另请参阅“内部控制”。

控制者： 单独或与他人共同决定个人数据处理目的和方法的自然人或法人、政府当局、机构或其他实体。

库管理员： 负责保护和维护所有程序和数据文件的人员。

跨境数据传输： 将个人数据传输到数据接收地之外的国家或地区的行为。

框架： 框架是指一种用于解决或处理复杂问题的基本概念结构。治理的推动力。一组概念、假设和实践，定义如何实现或理解某事、所涉实体之间的关系、这些实体的角色及边界（治理系统中包括和不包括的内容）。

请参阅“控制框架”和“IT 治理框架”。

L

联合 PII 控制者： 确定与一个或多个其他 PII 控制者共同处理 PII 处理目的和方法的 PII 控制者。

流程： 通常是受企业政策和程序影响的一系列活动，从多个来源（包括其他流程）获得输入信息，然后处理这些输入信息并产生输出信息。

范围说明：流程具有明确的业务存在理由、责任所有者、围绕流程的执行的明确角色和职责，以及衡量绩效的方法。

漏报： 在入侵检测中，将攻击被误判为正常活动的错误。

逻辑访问： 使用标识、身份认证和授权授予的与计算机资源进行互动的能力。

逻辑访问控制： 旨在限制访问计算机软件和数据文件的策略、程序、组织结构和电子访问控制措施。

M

密码系统： 通用术语，指一组用于提供信息安全服务的加密原函数。通常，该术语与提供机密性的基元（加密）一起使用。

密码学： 是指通过研究编制密码和破译密码为信息安全提供支持的技术科学，主要服务于数据的机密性、完整性、实体和数据来源认证等。

密文： 为保护明文而经过加密算法生成的信息，密文对未授权者是一堆无意义的字节。

密钥管理： 密码系统中的密钥生成、交换、存储、使用、销毁和替换。

密钥轮换： 更改加密密钥的过程。通过定期密钥更新，来限制单一密钥加密的数据量。

密钥长度： 以 bit 位数衡量的加密密钥的大小。

面向数据的系统开发： 重点强调通过开发适合访问的信息数据库，提供有用的数据而非功能，以便为用户提供特别报告。

敏感 PII： 属于个人识别信息 (PII) 的一类，具备敏感的特性，例如与 PII 主体最私密的领域相关或有可能对 PII 主体产生重大影响的信息。它可以包含揭示种族出身、政治观点、宗教或其他信仰的、关于健康、性生活或犯罪记录的个人数据，以及可能被确定为敏感信息的其他 PII。

敏感度： 一种衡量信息披露不当对企业可能产生的影响的方法。

明文： 未加密的数据。

模拟： 实体通过模仿系统、进程或个人，试图操控正常用户给系统造成意外或非预期事件的动作。

目的限制： 数据收集应用于指定的、明确的和合法的目的，不得以不符合这些目的的方式进行进一步处理。

N

内存转储：将原始数据从某个位置复制到另一个位置的操作，为了便于阅读，很少或不进行格式化。

范围说明：转储通常指将数据从主存储器复制到显示屏或打印机。转储对诊断错误有帮助。程序出现故障后，可以研究转储，分析发生故障时存储器的内容。由于转储通常以难以阅读的形式（二进制、八进制或十六进制）输出，因此除非使用者知道自己需要的是什么，否则内存转储没有帮助。

匿名：一种无法被识别到“自然人”的特性或状态。

匿名化技术：以不可逆的方式分离数据集与数据提供者的身份，以防止未来进行任何形式的重新识别，甚至原收集组织也不能复原。

P

PII 处理：对个人识别信息 (PII) 执行的操作或一系列操作。处理 PII 操作的例子包括但不限于收集、存储、修改、检索、咨询、披露、匿名化、假名化、传播或以其他方式提供、删除或销毁 PII。

PII 控制者：决定个人识别信息 (PII) 处理目的和方法的隐私利益相关方，但不包括为个人目的而使用数据的自然人。

PII 主体：个人识别信息 (PII) 所涉及的自然人。

批量数据传输：一种从全量备份进行恢复的数据恢复策略，这些完整备份以每周一次的物理方式运输到异地存储。

范围说明：具体来说，每天以电子方式对日志进行多次分批处理，然后将其加载到与计划恢复相同设施的磁带库中。

Q

企业架构 (EA)：描述业务系统各组件或业务系统其中一个要素（例如技术）的基本底层设计、它们之间的关系，以及它们如何支持企业目标。

强制访问控制：一种根据对象所包含信息的不同安全要求等级，以及用户或代表用户的程序的相应安全许可，来限制数据访问的方法。

桥接路由器：兼具网桥和路由器功能的设备。

范围说明：桥接路由器在数据链路层和网络层上运行。桥接路由器具有一个显著的优点，即可以连接相同数据链接类型的 LAN 网段，还能连接不同的数据链路类型的 LAN 网段。与网桥类似，桥接路由器根据数据链路层地址将数据包发送到同一类型的其他网络中。此外，视需要，它还可根据网络协议地址处理和转发消息到不同的数据链路类型的网络。当桥接路由器连接同一数据链接类型的网络时，速度与网桥一样快，并且能够连接其他数据链接类型的网络。

R

RSA 加密系统：由 R. Rivest、A. Shamir 和 L. Adleman 开发的公钥加密体系，对加密和数字签名均适用。

范围说明：RSA 加密系统具有两种不同的密钥：公共加密密钥和私有解密密钥。RSA 加密系统的强度取决于素数因子分解的难度。如果应用程序要求很高的安全性，解密密钥的位数应大于 512 位。

人工日记账分录：在计算机终端输入的日记账分录。

范围说明：人工日记账分录可包括常规分录、统计分录、公司间分录和外币分录。另请参阅“日记账分录”。

人工智能：一种先进的计算机系统，可以根据一组预置的规则模拟人类能力，例如分析。

认证机构 (CA)：受信任的第三方机构，为身份认证基础设施或企业提供服务，登记实体并颁发证书。

日志：1. 在有组织的记录保存系统中记录信息或事件的详细信息，通常按它们发生的顺序排序。

2. 活动的电子记录（如身份认证、授权和核算）。

日志/日志文件：专为记录要监控的系统上发生的各种操作而创建的文件，如失败的登录尝试、磁盘驱动器满载和电子邮件投递失败等。

冗余检查：通过在每个数据段末尾附加经过计算的位来检测传输错误的一种方式。

S

身份认证： 1. 验证身份的行为，即用户和系统。

范围说明：也可以是对数据正确性的一种校验。

2. 验证用户身份和用户是否有资格使用计算机信息。

范围说明：身份认证旨在防止欺骗性的登录活动。也可以是对数据正确性的一种校验。

身份识别和访问管理 (IAM)： 通过封装人员、流程和产品来识别和管理信息系统中使用的数据，以认证用户并授予或拒绝对数据和系统资源的访问权限。IAM 的目标是提供对企业资源的适当访问。

审计： 正式的检查和校验，用于检查是否遵守某一标准或准则，记录是否准确或是否达到效率和有效性目标。

范围说明：可执行内审或外部审计。

审计轨迹： 是一组按事件的逻辑顺序呈现的数据，用于跟踪影响记录内容的交易。

来源：ISO

生命周期： 描绘组织资产（如产品、项目、方案）存在到消亡过程的一系列阶段。

生物特征数据： 由与自然人的身体、生理或行为特征有关的特定技术处理所产生的个人数据，例如面部图像或指纹数据，这些数据是得出或确认该自然人的唯一标识。

剩余风险： 管理层实施风险应对措施后剩余的风险。

事件： 在特定地点或时间发生的事情。

授权： 确定是否允许最终用户访问信息资产或包含该资产的信息系统的流程。

数据安全： 为保持信息的机密性、完整性和可用性而进行控制。

数据保管员： 负责存储和保护计算机化数据的个人和部门。

数据保护官： 根据欧盟的《一般数据保护条例》(GDPR)，部分组织需要任命一名数据保护官，进行组织数据保护合规相关义务的建议，并监督组织内部的遵循情况。

数据保护机构： 对数据保护法的实施进行监控和监督的独立机构。

数据保留： 指用于治理数据和记录管理的策略，以满足内部、法律和监管机构的数据归档要求。

数据仓库： 存储、检索和管理大量数据的系统的通用术语。

范围说明：数据仓库软件通常包括复杂的比较和哈希算法，用于快速搜索和高级过滤。

数据处理： 对个人数据进行收集、记录、整理、结构化、存储、调整或更改、检索、查询、使用，以及通过披露、传播或以其他方式提供、调整或组合、限制、擦除或销毁等操作，无论是否以自动化的方式进行，这些对数据进行的操作，都可称为数据处理。

数据处理者： 根据数据控制者的指令收集、处理或使用个人数据的自然人或法人、政府当局、机构或其他实体。

数据丢失防护： 为预防数据泄露、外流或意外的数据破坏，而进行的检测和处理程序。

数据分类： 给数据（或信息）分配敏感度等级，然后据此确定每个分类等级的控制规范。数据的敏感度等级在创建、修改、强化、存储或传输数据的过程中，根据预先定义的类别进行分配。分类等级代表数据对企业的价值或重要性。

数据分类方案： 一种企业内常用的方案，按照关键性、敏感度和所有权等因素对数据进行分类。

数据分析： 通过考虑样本、测量和可视化来获得对数据的理解。在构建第一个模型之前，第一次接收到数据集时，数据分析尤其有用。这对于理解实验和调试系统的问题也是至关重要的。

数据规范化： 一种结构化的过程，将数据组织成表，以保存数据之间的关系。

数据加密标准 (DES)： 用于对二进制数据进行编码的传统算法，在 2006 年已被弃用。DES 及其变体已被高级加密标准 (AES) 取代。

数据接收者： 向其披露个人数据的对象，包括任何个人、政府当局、机构或其他实体，无论是否为第三方。

数据结构： 一种数据单元的特定排列，如数组或树。

数据镜像： 一种处理方法，当执行多个分析时，该过程允许逐位获取数据的副本以避免损坏原始数据或信息。

范围说明：通过数据镜像生成过程可从磁盘中获得残留数据（例如已删除的文件、已删除文件的片段和其他存在的信息）以供分析。这可能是因为数据镜像生成过程是逐个扇区地复制磁盘表面。

数据可携性： 支持将数据主体的数据从一处传输至另一处的能力。

数据控制者： 请参阅“控制者”。

数据库： 一种数据集合，通常具有受控冗余，根据一个模式组织起来，以服务于一个或多个应用程序。数据的存储使它们可以被不同的程序使用，而不必关心数据结构或组织。常用的方法是添加新数据以及修改和检索现有数据。请参阅“归档数据库”。

数据库复制： 创建和管理数据库重复版本的过程。

范围说明：复制不仅拷贝数据库，而且同步一组副本，以保证对某个副本所做的变更反映在所有其他副本上。复制的好处在于，它能够让许多用户对数据库的本地副本进行操作，但更新该数据库时就如同他们在对单个中心数据库进行操作。对于用户广泛分布在不同地理位置的数据库应用程序而言，复制通常是最有效的数据库访问方法。

数据库管理系统 (DBMS)： 控制数据库中数据的组织、存储和检索的一种软件系统。

数据库管理员 (DBA)： 负责存储在数据库系统中的共享数据的安全性和信息分类的个人或部门。此职责包括数据库的设计、定义和维护。

数据库规格说明： 用于建立数据库应用程序的相关要求。其中包括数据库中个人信息的字段定义、字段要求及报告要求。

数据跨境处理： 数据跨境处理是指，数据控制者在不止一个国家或地区设立机构，或者开展经营活动；当处理个人数据时，虽然是在某一地域进行的，但其会对超过一个国家或地区的个人数据产生实质影响。

数据流： 数据从输入（在网上银行中，通常是用户在其桌面上的输入）到输出（在网上银行中，通常是银行中央数据库中的数据）的流动。数据流包括数据经由通信线路、路由器、交换机和防火墙的传输过程，以及通过服务器上的各种应用程序进行的处理；数据流完成了数据从用户指尖到银行中央数据库存储的处理过程。

数据匿名化： 通过加密或删除数据集当中的个人识别信息来保护私人或敏感信息，使数据所代表的个人保持匿名。

数据生命周期： 从数据收集或产生开始，直到被归档或删除为止，数据所经历的完整历程。

数据所有者： 负责计算机化数据的完整性、准确报告和使用情况的个人。

数据通信： 在各个独立的计算机处理站点或设备之间，通过电话线缆、无线电波或卫星来传送数据。

数据完整性： 数据收集的完整、一致和准确的程度。

数据销毁： 消除、删除或清除数据。

数据泄露： 以电子或物理方式，在未经授权的情况下将数据从一个组织内向外暴露。

数据治理： 通过明确优先级和设定数据使用方向，确保数据处理过程与预订的方向和目标保持一致。

数据主体： 个人数据被收集、持有或处理的自然人。

数据准确性： 数据质量的一个组成部分，指为对象存储的数据值是否正确，是否以一致、明确的形式表示。

数据字典： 存储与数据流图 (DFD) 的存储、处理和流动相对应的所有细节。它可以被称为包含名称、类型、值范围、源和系统中每个数据元素访问授权的数据库。它还能够指明哪些应用程序使用了这些数据，以便在盘算数据结构时，可以生成受影响程序的列表。

数据最小化： 充分、相关且只限于与处理资料的目的有关的必要的范围。

数字代码签名： 对计算机代码进行数字签名，以确保其完整性的过程。

数字签名： 使用公开密钥算法的个人或实体的电子身份证明，是接收方验证发送者身份、数据完整性和交易证明的一种方式。

数字证书： 允许实体使用公钥基础设施 (PKI) 安全地通过互联网交换信息的电子凭证。

双因素认证： 使用两种独立的身份认证机制（例如需要智能卡和密码），通常是“你知”及“你有”的方式组合。

水平纵深防御： 在资产访问路径的各个不同位置实施控制措施（这在功能上等同于同心环模型）。

私钥： 用于创建数字签名的数字密钥（由持有者保密），并且根据算法，对用相应的公钥加密（为了机密性）的消息或文件进行解密。

私钥加密系统： 私钥加密系统涉及机密的私钥。密钥又称为对称加密法，因为同一密钥既用于对发送者的明文进行加密，又用于对接收者的密文进行解密。请参阅“对称加密法”。

损失事件： 由威胁事件导致损失的任何事件。

范围说明：摘自 Jones, J.；“FAIR Taxonomy”，*Risk Management Insight*，美国，2008 年

索引顺序存取法 (ISAM)： 一种磁盘存取方法，它顺序地存储数据，同时还维护有关文件中所有记录的关键字段索引，以方便进行直接存取。

索引顺序文件： 一种文件格式，用于对记录进行有序整理和加工，将预设密钥作为记录的一部分，以便于检索访问。

T

特权： 系统对象被设定的信任程度。

特权用户： 个别拥有超出基本访问权限的特殊用户账户。通常，这些账户通过提权或增加权限，拥有比标准用户账户更高或更多的权限。

挑战/响应令牌： 一种用户身份认证方法，通过使用挑战握手认证协议 (CHAP) 来实施。

范围说明：当用户尝试登录至使用 CHAP 的服务器时，服务器向用户发送一个随机值 “challenge”。用户输入一个密码，用作对 “challenge” 进行加密的密钥，并将其返回服务器。服务器提前获知这个密码，于是对 “challenge” 值进行加密，然后将其与用户返回的值进行比较。如果值相符，则用户通过身份认证。挑战/响应活动在整个会话过程持续，这样可以保护会话免遭密码嗅探攻击。此外，由于 “challenge” 是一个随机值，每次尝试访问时都会发生变化，因此 CHAP 不容易遭受“中间人”攻击。

同意： 任何由数据主体自愿提供的、具体的、知情的和明确表明数据主体意愿的指示。通过声明或明确的肯定行为，表明同意处理与其有关的个人资料。

透明度： 指企业活动的开放性，依据的概念如下：

- 受治理决策影响或质疑治理决策的人员十分清楚机制如何发挥作用。
- 已建立通用词汇表。
- 提供相关信息。

范围说明：透明度和利益相关方的信任直接相关；治理流程的透明度越高，治理的信心就越高。

团体字符串： 在路由器配置里，起密码作用的文本串，用于管理信息库 (MIB) 和访问对象之间信息鉴别。

范围说明：示例如下：

- 只读权限 (RO)：允许对 MIB 中除团体字符串以外的所有对象进行读取访问，但不允许写入访问。
- 读写权限 (RW)：允许对 MIB 中的所有对象进行读写访问，但不允许访问团体字符串。
- 读写完整权限：允许对 MIB 中的所有对象进行读写访问，包括团体字符串（仅对 Catalyst 4000、5000 和 6000 系列交换机有效）。

简单网络管理协议 (SNMP) 团体字符串以明文形式跨网络发送。保护基于 OS 操作系统软件基础设施免受未授权访问的 SNMP 管理的最佳方法是，建立一份包括管理站点源地址的标准 IP 访问列表。可以定义多个访问列表并与不同的团体字符串相关联。如果在访问列表上启用了日志记录，那么每次从管理站点访问设备时都会生成日志消息。日志消息会记录数据包的源 IP 地址。

椭圆曲线加密算法 (ECC)： 一种结合了平面几何和代数的算法，与主要使用代数因式分解的传统方法（如 RSA）相比，它以更小的密钥实现更强的认证。

范围说明：较小的密钥更适合移动设备。

W

外部存储： 包含发生灾难时需要用于恢复或还原的备份副本的位置。

外键： 外键是一个值，通过将保存表中主键值的一列或多列添加到另一个表中，创建两个表之间的链接。

范围说明：确保数据库中不包含任何无效外键值的问题称为参照完整性问题。而给定外键的值必须与对应候选键的值相匹配的约束称为引用约束。包含外键的关系（表）称为参照关系，而包含对应候选键的关系则称为被参照关系或目标关系［在关系理论中，外键是候选键，但在实际的数据库管理系统 (DBMS) 实施中则始终为主键］。

完整性： 防止不适当的信息修改或损坏，包括确保信息的不可否认性和真实性。

完整性检查： 一种设计用来确保记录中没有字段丢失的程序。

网桥： 出现于 20 世纪 80 年代早期的数据链路层设备，用于连接局域网 (LAN) 或者从单个网络段创建两个独立的局域网 (LAN) 或广域网 (WAN) 网络段，以减少冲突域。

范围说明：在向目的地传输帧时，网桥充当存储转发设备。这是通过分析数据包的 MAC 报文头（代表 NIC 的硬件地址）来实现的。

伪登记： 当未经授权的人员设法注册进入生物特征识别系统时发生。

范围说明：登记是获取生物特征并将其作为个人参考信息保存到智能卡、PC 或中央数据库中的第一步。

问责制： 追溯异常行为或事件责任方的能力。

误报： 被错误判定为问题，但实际上正常的情况。

X

系统加固： 通过删除系统中所有不重要的软件程序、协议、服务和实用程序，尽可能多地消除安全风险的操作过程。

下线： 断开与计算机连接的行为。

消费者： 使用商品的人。

消息验证码： 使用数据加密标准 (DES) 计算的美国国家标准协会 (ANSI) 标准校验和。

消息摘要： 加密哈希函数接受任意长度的输入并输出标准大小的二进制字符串（也称为消息摘要）。输出对输入而言是唯一的，即使输入有细微变更，也会产生完全不同的输出。现代加密哈希函数还能抵御碰撞（不同输入产生相同输出的情况）；碰撞虽然有可能发生，但在统计学上是不可能的。开发加密哈希函数是为了确保无法从输出值轻易地猜解出输入值。请参阅“哈希”。

消息摘要算法：供接收者验证数据完整性和发送者身份的单向函数。常见的消息摘要算法有 MD5、SHA256 和 SHA512。

校验：检查数据输入是否正确。

校验和：校验和的值由算法生成，并与输入值的和/或整个输入文件相关联。校验和的值可用于以后评估其相应的输入数据或文件，并验证输入是否被恶意更改。如果随后的校验和的值不再与初始值相匹配，则说明输入可能已经被更改或破坏。

校验数位：一个经数学运算得出并附加到数据的数值，用来保证原始数据没有变化或被一个不正确但合法的数值所替换。

范围说明：校验数位控制在检测换位和转录错误时非常有效。

信息：与其他重要业务资产一样，对企业业务至关重要的资产。它可以多种形式存在，如可以打印或书写在纸上、以电子方式存储、通过邮寄或电子方式发送、呈现在胶片中或者在谈话中使用。

范围说明：COBIT 5 和 COBIT 2019 视角。

信息安全：确保信息在企业内部得到保护，防止未授权访问（机密性）、篡改（完整性）和需要时无法访问（可用性）。信息安全涉及所有格式的信息，包括纸质文件、数字资产、人们头脑中的知识产权，以及口头和视觉通信。

信息安全方案：根据业务需求和风险分析，为提供信息的保密性、完整性和可用性而实施的技术、操作和程序措施及管理结构的整体组合。

信息安全治理：董事会和执行管理部门的一系列责任和做法，旨在指明战略方向、确保实现目标、确定妥善管理风险及验证企业资源是否得到合理使用。

信息处理设施 (IPF)：计算机机房和支持区。

信息工程：面向数据的开发技术，核心前提是数据为信息处理的中心，认可数据关系对业务的重要性，并需以结构化的系统数据来呈现。

信息衡量标准：满足业务需求所必须具备的信息属性。

信息架构：信息架构是 IT 架构的一个组件（其他组件有应用程序和技术）。

修复：在识别和评估漏洞后，为减轻或消除漏洞而采取的行动。

选择加入：一项声明或一项主动行动，在该声明或主动行动中，数据主体同意对某项资料进行处理；要求个人识别信息 (PII) 委托人采取行动，明确、事先同意为特定目的处理其个人识别信息的流程或类型的政策。

选择退出：代表数据主体做出的一种选择，表明该主体不希望收到未经请求的信息。

寻址：用于定位参与者在网络中位置的一种方法。

范围说明：在理想情况下，会标示出网络参与者的真实所在，而不是其身份（名称）或中转访问路径（路由）。

询问：用于从提取的数据中获得重要的指标信息或关系，其中包括电话号码、IP 地址和个人姓名等。

Y

掩码：在计算机终端或报告中屏蔽如密码等敏感信息的一种计算机技术。

异常报告：是由程序生成的，用于识别可能不正确的交易或数据。

范围说明：异常报告可能超出预定范围，也可能不符合指定标准。

异地储存：一种远离主要信息处理设施 (IPF) 的建筑物的设备，用于存储计算机媒体，如脱机备份数据和存储文件。

易失性数据：数据变化频繁，且在系统断电时可能丢失的数据。

隐私风险：对数据主体和/或组织造成信息相关损害的任何风险，包括欺骗、财务伤害、健康和安全伤害、不必要的入侵及超出经济和有形损失的声誉伤害（或损害）。

隐私风险评估：用于识别和评估隐私相关风险及其潜在影响的过程。

隐私告知：向个人提供其个人数据将如何处理的信息的通知。

隐私控制：通过降低隐私风险的可能性或后果来处理隐私风险的措施。隐私控制包括组织、物理和技术措施，例如政策、程序、指南、法律合同、管理实践或组织结构。控制也被用作保护措施或反制措施的同义词。

隐私偏好：个人识别信息主体为特定目的如何处理其 PII 所做出的特定选择。

隐私权：个人相信他人将根据收集和衍生个人和敏感信息的目的及在相关背景下，适当和慎重地使用、共享和处置其相关信息的权利。

隐私设计：将隐私融入整个工程的流程中。

隐私事件管理：组织处理隐私泄露事件的流程。

隐私信息管理系统 (PIMS)：用于解决 PII 的处理所引起的隐私保护问题的信息安全管理系统。

隐私影响：对 PII 数据主体和/或一组 PII 主体的隐私有影响的任何事物。

隐私影响评估：在组织更广泛的风险管理框架内，通过识别、分析和评估与个人识别信息的处理有关的潜在隐私影响，并开展有针对性的咨询、沟通和规划的总体过程。

隐私原则：在信息和通信技术系统内处理个人识别信息 (PII) 时管理个人识别信息隐私保护的一套共同价值观。

隐私政策：由个人识别信息 (PII) 控制者在特定环境下正式表达的 PII 处理有关的意图和方向、规则和承诺。在信息和通信技术系统内处理个人识别信息 (PII) 时管理个人识别信息隐私保护的一套共同价值观。

应用程序编程接口 (API)：在业务应用软件开发中使用的一组例程、协议和工具，称为构建块。

应有的谨慎：对在类似情况下具备类似能力、有理性的人员的审慎期望程度。

应有的职业谨慎：一般特指具备专门技能的个人在特定情况下审慎行事。

映射：将以电子方式交换的数据绘制成图表，包括它们将如何使用及哪些业务管理系统需要它们。另请参阅“应用程序跟踪和映射”。

范围说明：映射是开发应用程序链接的第一步。

用户意识：用户通常是安全链中最薄弱的一环。针对安全问题设立的培训流程，有助于减少安全问题。

远程访问：授权用户能够通过网络连接从任何地方访问计算机或网络的能力。

云计算：只需极少的管理工作或与服务提供商交互，即可快速供应和释放的，对共享资源池进行弹性伸缩、按需使用的一种计算服务模式。

Z

在线数据处理：通过视频显示终端向计算机输入信息来实现。

范围说明：通过在线数据处理，计算机可在过程中立即接受或拒绝输入的信息。

真实性：无争议的作者。

政策：用来传达必要和禁止的活动和行为的文档。

知识产权：属于企业专用的无形资产。例如，专利、版权、商标、构想和商业秘密。

终端：一类能进行连接网络通信的设备。

主体访问：数据主体有权要求数据控制者按要求提供与其个人数据处理的相关信息。

主文件：包含频繁用于处理数据或用于多个目的的半永久性信息的文件。

主要机构：在多个国家/地区设有设施的控制者的中央管理场所。

主账号 (PAN)：用于识别发卡机构和特定的持卡人账户的唯一支付卡号（通常是信用卡或借记卡号）。

贮存库：用于存储和组织数据的企业数据库。

注册机构 (RA)：网络中核实用户数字认证请求并通知认证机构 (CA) 颁发认证的机构。

专业标准：参照 ISACA 发布的标准。这个术语可以延伸到相关的指导方针和技术，帮助专业人员执行和遵守权威的 ISACA 声明。在某些情况下，可以考虑其他专业组织的标准，视情况及其相关性和适当性而定。

专业能力：经过检验的能力水平，通常与相关专业机构认定的资格有关，并符合其行业准则和标准。

专业判断：适当地运用相关知识和经验做出明智的决定，形成针对 IS 审计和鉴证业务的行动方案。

自带设备 (BYOD)：允许在业务活动中，部分或全部用户使用自有移动设备的一种企业管理策略。

自校验数位：一种人工设定或默认的程序，通过计算和检查校验位来检测换位和转录错误。

纵深防御：分层防御做法，以提供额外保护。纵深防御通过加大在攻击方面所需的工作力度来提升安全性。此策略在攻击者和企业的计算资源和数据信息之间设置了多重障碍。

最小特权/访问原则：用于确保仅授予完成任务所需的最小特权访问权限的控制措施。

最终用户计算：最终用户利用计算机软件产品来设计并实现自己的信息系统的能力。

反侵权盗版声明